古道明珠
凤庆县鲁史历史文化名镇保护规划

唐雪琼　徐小茜　马聪　等 编著

科学出版社
北　京

内容简介

本书以茶马古道上的历史名镇云南省凤庆县鲁史古镇为研究案例，展示历史文化名镇保护规划编制的思路和内容体系。书中首先提炼古镇的价值特色，分析古镇历史文化保护现状与问题。在此基础上，确定古镇保护的原则、内容及重点，提出总体保护策略及保护要求；明晰镇域和镇区历史文化保护结构及其保护措施；根据古镇区历史文化资源分布情况划定核心保护区、建设控制地带和环境协调区，提出不同的分区保护与控制措施；根据人口发展预测，从道路交通、标识系统、给排水工程、电力电信工程、环卫设施、防灾减灾规划等方面规划提升古镇区的人居环境；综合发展优势规划旅游产业发展、近期建设项目；并提出规划实施的保障措施。

本书行文简洁，内容丰富，是一本操作性较强的历史文化名镇保护规划理论与实践相结合的参考书，适用于从事历史文化名镇保护和村镇建设的各级管理人员、建筑设计师、城乡规划师和广大群众阅读，也可作为相关专业人员的参考书或师生的辅助教材。

图书在版编目(CIP)数据

凤庆县鲁史历史文化名镇保护规划 / 唐雪琼等编著.—北京:科学出版社，2017.9

ISBN 978-7-03-051608-4

Ⅰ. ①凤…　Ⅱ. ①唐…　Ⅲ. ①乡镇-文化遗产-资源保护-区域规划-研究-凤庆县　Ⅳ. ①TU982.297.44

中国版本图书馆 CIP 数据核字 (2017) 第 018990 号

责任编辑：张　展　刘　琳 / 责任校对：韩雨舟

责任印制：罗　科 / 封面设计：墨创文化

科学出版社出版

北京东黄城根北街16号

邮政编码：100717

http://www.sciencep.com

成都锦瑞印刷有限责任公司印刷

科学出版社发行　各地新华书店经销

*

2017年9月第　一　版　　开本：889×1194　1/16

2017年9月第一次印刷　　印张：7.75，插页：29

字数：220 千字

定价：98.00 元

（如有印装质量问题，我社负责调换）

《**凤庆县鲁史镇历史文化名镇保护规划**（2015—2030）》

项目组名单

项目顾问： 张世兰　杨崇东　陈正华　王罗强　王建钧
张中伦　杨艳芬　李慧林　杨语发　杨绍宏
纪林旺

项目组长： 唐雪琼

项目组成员： 马　聪　陈　莺　彭建松　樊国盛　苏晓毅
段晓梅　徐小茜　王雪娜　胡　进　鞠延超
李　娇　刘　安　吴　芳　邢世通　胡　洋
谭辛夷　欧　菲　李哲文　胡雅婧

前　言

历史文化名镇独有的文化资源是区域传统文化、民俗文化、建筑艺术的集中体现，是我国历史文化遗产体系中极其重要的组成部分，是全人类共同的宝贵遗产。现代化、全球化、城镇化不断消解着古镇的独特内质，古镇丰富多彩的地方文化经历着持续的瓦解与重构，越来越多的古镇正在“失去”自己的历史和“记忆”，独特、具有魅力的地方景观日渐消失。编制历史文化名镇保护规划，保护悠久的农耕文明传承过程中所形成的宝贵文化遗产，以及人与自然和谐相处的文化精髓和空间记忆，呼应着社会主义文化强国、美丽中国建设的时代要求，是建设“美丽乡村”，以实际行动落实党的十八大所提出的“大力推进生态文明建设，建设美丽中国”战略部署的具体体现，也是进一步加大扶贫力度、实现乡村地区整体奔小康的客观要求。

以往对古镇规划的研究多以东部古镇为案例，西部古镇的历史文化价值和保护的内容体系与东部古镇有较大差异，发展思路与保护措施也面临不同的路径选择。

云南省凤庆县鲁史镇是云南省历史文化名镇，茶马古道文化渊源深厚、民居建筑精美辉煌、民族文化丰富多彩，通过凤庆县各级政府的长期努力和古镇民众的文化认同，古镇大部分传统民居及重要建筑得到了较好保护，特别是古镇“三街七巷一广场”的空间格局得以完整保留，但保护任务重、征途远。2014 年 4 月，鲁史镇人民政府委托西南林学院城市设计院和中外建工程设计与顾问有限公司云南分公司联合编制《凤庆县鲁史镇历史文化名镇保护规划(2015—2030)》。经过两年多的实地调查、意见征询、文本编制、逐级汇报评审等工作，最终于 2016 年 8 月 4 日通过省级规划委员会审查。为了与业界更好地交流，我们在《凤庆县鲁史镇历史文化名镇保护规划(2015—2030)》的基础上，由唐雪琼、徐小茜、马聪执笔，重新整理、编辑出版本书，期盼以本书指导鲁史历史文化名镇的保护工作，丰富历史文化名镇保护规划的内容体系和研究案例，也为其他历史文化名镇规划研究的思路及实施策略提供借鉴。

本书主要内容包括鲁史古镇的价值特色及现状分析、规划总则、保护重点与内容、镇域历史文化保护结构、古镇区历史文化保护规划、古镇区基础设施提升规划、文物古迹及历史环境要素保护规划、非物质文化保护规划、生态环境保护规划、旅游产业发展规划、规划实施的保障措施等。

本书在编写过程中得到了凤庆县鲁史镇人民政府、凤庆县住建局、文化局等有关部门和唐景忠等地方文化学者的支持和帮助，参阅了陈坚、唐雪琼等完成的《鲁史古集村传统村落保护发展规划》《鲁史古集村传统村落档案》以及云南省设计院编制的《鲁史镇旅游产业特色专项规划(2011—2030)》等资料，文后附图中鲁史古建筑测绘图由鲁史镇人民政府提供，在此一并致以诚挚的感谢。本书的出版得到了云南省高校重点建设学科

（风景园林学）建设项目、国家自然科学基金项目（51668057、51368023）的共同资助。

由于编者水平有限，加之编写时间仓促，书中难免存在不足及疏漏之处，敬请读者予以批评指正。

编著者

2017 **年** 1 **月** 26 **日**

目　　录

第1章 中西方历史文化名镇保护述评

1.1 西方历史文化名镇保护述评

1.1.1 西方历史文化名镇保护发展进程

历史文化名镇(村)在国外一般将其称为历史小城镇、古村落，且划属于历史地区的一部分，形成于历史文化遗产保护研究与实践之上[1]。随着对遗产价值的认知，文化遗产的保护理论与方法经历了一个逐渐提升与完善的过程，在保护理论与方法上也达成了许多的国际共识[2]。

国外历史文化遗产保护研究发展历程可分为两个阶段：第一阶段(15世纪早期至20世纪60年代)以文物及历史性建筑保护为主；第二阶段(20世纪60年代至今)以历史性城镇(村)遗产保护为主[3]。以下几个法令、宪章的颁布如实反映出国外历史城镇保护发展进程。

1933年，国际现代建筑师协会(CIAM)第四次会议上通过《雅典宪章》，专门就“有历史价值的建筑和地区”进行论述，指出“有历史价值的古建筑均应妥为保存，不可加以破坏”。首次在国际性宪章中提及了城市发展过程中要重视保留有历史价值的古迹和建筑[4]。

1962年，马尔罗制定了《马尔罗法》：对有价值的历史街区即“历史保护区”进行完全保护、合理修整。以保护和利用文物建筑、历史遗产及其周围环境为原则确定历史文化名镇的保护目标和历史街区的新概念[5]。

1964年，第二届历史古迹建筑师及技师(ICOM)国际会议上提出《威尼斯宪章》：使用高科技手段对历史文物进行修复，并进行记录和报告的填写，通过完全保护和重塑历史文物，确定了历史文物建筑的重要价值。

1972年，联合国教科文组织大会第17届会议通过《保护世界文化和自然遗产公约》：对有价值的自然遗产进行全面保护，充分利用本国资源，必要时采取国际援助与合作的原则确定各国领土内的自然遗产，并向世界遗产大会提交清单，经过审核与批准后，由本国依法保护[6]。

1975年，国际古迹遗址理事会(ICOMOS)通过《关于保护历史小城镇的决议》：历史小城镇的概念首次在国际古迹遗址理事会上正式提出，并按照相应规模、经济功能与文化内涵进行类型划分，对历史小城镇的各种复原措施都应该尊重当地居民的权利、愿望[7]。

1976年，联合国教科文组织(UNESCO)第19次会议提出《内罗毕建议》：该法律明确指出保护历史街区的重要性。任何修复工作都应该以保护历史地区及周围环境为主，做到不破坏历史街区本体及周围环境。

1977年，国际建协在秘鲁签署《马丘比丘宪章》：对重要的历史古迹和相应的文化传统进行保护。采用保护、修复、继承的原则对现有古迹和古建筑进行保护。该法律的颁布成为城市规划的纲领性文件，对历史文化名镇的保护具有很强的指导意义。

1981年，国际古迹遗址理事会与国际历史园林委员会起草《佛罗伦萨宪章》：强调要运用整体与局部相互关联的原则对历史园林进行保护，它是《威尼斯宪章》的附件，对历史文化古镇的保护具有很现实的指导意义。

1982年，国际古迹遗址理事会(ICOMOS)通过《关于小聚落再生的Tlaxcala宣言》：提出“历史聚落”保护概念，认为乡村聚落和小城镇的建筑遗产及环境是不可再生的资源，建议小聚落保护要注重地方材料和传统工艺的使用[4]。

1987年，国际文物建筑与历史地区工作者协会第八次会议通过《华盛顿宪章》：该法律是对20多年来各国环境保护理论与实践经验的总结，它确定了历史地段、历史小城镇及城区的保护意义及方法，是历史地区在城市文化的一个价值总结，成为各国历史文化城镇保护规划的理论基础[8]。

1999年，国际古迹遗址理事会(ICOMOS)第十二届全体大会上通过《关于乡土建筑遗产的宪章》：国际古迹遗址理事会上提出保护乡土建筑群和村庄保护的重要性，通过其建筑群体的保护有利于延续乡土性[9]。

2005年，国际古迹遗址理事会(ICOMOS)第十五届全体大会上通过《西安宣言》：将环境对于历史文化古迹的重要性提到了新的高度，首次提出对历史环境加深认识并加以保护，并提出了相应的解决方法与实施对策[4]。

2008年，《文化线路宪章》《关于文化遗产地的阐释与展示宪章》：这些宪章已是国际尤其是联合国教科文组织及其缔约国通用的重要参考，其中精髓——“世界遗产与可持续发展”是2012年11月16日在日本举行的《保护世界文化和自然遗产公约》颁布40周年纪念活动的主题[10]。

2011年，国际古迹遗址理事会(ICOMOS)通过《国际古迹遗址理事会巴黎宣言》：倡议将遗产作为发展驱动力，鼓励遗产对经济发展和社会团结的结构性影响[10]。

国外历史文化遗产历经几个世纪的保护进程，在保护对象上由对单个艺术品的保护发展到对各种历史建筑与周围环境、历史地区乃至整个城市的保护；保护内容上较为全面地把握整个村镇的历史进程；保护方法上演化为多领域结合的局面；建立了最广泛的群众参与机制。其研究成果为历史文化村镇保护奠定了坚实的基础。

1.1.2　西方历史文化名镇保护研究述评

由于西方发达国家的经济发展水平较高，对遗产保护的研究有广泛的社会基础，自

19世纪中叶就已开始探索。在这一百多年的坎坷历程中，随着人们认知水平的提高，文化遗产的保护理论与方法经历了一个逐渐提升与完善的过程，在保护理论与方法上也达成了许多国际共识。

研究内容主要集中在以下几个方面：遗产保护与发展政策的研究、遗产保护与发展对策措施研究、遗产保护规划研究、遗产建筑保护的理论与历史研究、遗产保护与旅游发展研究等[3]。

1. 遗产保护与发展政策的研究

Steinberg以发展中国家为例，探讨了城镇遗产保护和复原的内容与方法，认为遗产保护和复原应包括5个方面内容，即政策方面(国家法律、政策的制定、公众参与政策)、文化方面(宗教文化传统、发展旅游事业)、社会方面(解决贫困居民生活、土地使用及价值变化)、经济方面(公私混合资源的使用、新旧土地间的竞争、土地利益、旅游收入)、城镇化方面(城镇格局变化、历史环境与现代发展的协调)[11]。Strange从政治经济学角度，探讨了经济发展和地区政策调整对英国历史城市的影响[12]。Robert对当前欧洲的保护政策进行了全面评价和总结，认为目前的保护政策更加强调存在性、真实性和整体性，注重文化认同，并对未来保护政策的发展趋势进行了展望[13]。

2. 遗产保护与发展对策措施研究

Tiesdell以英国一个保存有19世纪产业建筑的历史地区市场保护与发展为例，阐述了历史街区的保护以及经济的复兴和重建给历史带来的生机和活力，认为历史地区保护脱离开经济的复兴发展是不可持续的，但是经济复兴往往又导致原有传统产业的消逝，致使历史特征的记忆受到损害，历史地区保护与复兴之间的关系依然紧张，解决问题的关键在于保护与复兴之间应达到一个和谐的程度[14]。相关研究还有Townshend和Pendlebury针对政府保护政策的制定和实施很少能引起居民与社会各界关注的问题，以英格兰东南部的两个历史保护区为例，探讨了公众参与的机制及必要性[15]。

3. 遗产保护规划研究

Pendlebury认为应从传统建筑保护、城市形态保护以及视觉管理三个方面来研究历史城镇保护，且保护规划的内容应该涵盖这些方面，并结合英国泰恩河保护区内的Grainger城镇进行了实证研究[16]。Larkham对英国从1942年到1952年间的城镇保护中的重建计划进行了研究，探讨了城镇保护中“保存”与“保护”的概念差异[17]。相关研究还有Marinos探讨了法国在历史遗产保护方面的保护理论与方法，论述了法国遗产保护中的“历史保护区”和“建筑、城市与风景历史遗产保护区(ZPPAUP)”产生的背景及在保护中的功能作用[18]。这些都为古镇保护规划的编制指明了方向，最大限度留住历史遗存。

4. 遗产建筑保护的理论与历史研究

从19世纪下半叶到20世纪前半叶形成的三大理论学派，第一学派以维奥莱·勒·

杜克(Viollet Le DuG)为代表的法国学派，主张修复古建筑的形式表现主义，认为古建筑修复不仅要有风格的修复，也要有内部结构的修复；第二学派以拉斯金(John Ruskin)和莫里斯(William Morris)为代表的英国学派，主张保护古建筑原有风貌的历史浪漫主义；第三学派以焦万诺尼(Gustavo Giovannonl)为代表的意大利学派，吸取了英国学派和法国学派的观点，其关于古城保护和修复的理论归纳起来为古城、环境、建筑的统一，古城的每一个片段都应该统一于一个总体设计当中。

建筑遗产保护按其对象的变化可分为三个时期：重在文物建筑历史价值的文物建筑单体保护阶段(15世纪早期~16世纪上半叶)；仍就注重历史价值研究的文物建筑群体保护阶段(16世纪下半叶~19世纪20年代)；既注重历史价值，又关注民族价值、艺术美学价值、普遍性价值等的历史建筑保护阶段(19世纪20年代~20世纪60年代)[19]。

5. 遗产保护与旅游发展研究

Bedate等选用旅游消费原理，对一些有价值的文化遗产进行了经济性评价，指出由于历史遗产无形的社会价值，致使遗产地旅游者愿意为此做出支付，并在消费中得到了剩余价值[20]。Kennedy研究调查了肯尼亚西部Gusii社区的文化遗产及其保护方面的情况，深入探讨了旅游者游览文化遗产地的原因，其结果用于建立旅游吸引地的发展模型以引导文化遗产旅游的规划[21]。

国外历史文化遗产保护研究起步早、发展快，研究队伍不断壮大，目前已经形成一种跨学科多维研究的局面。技术和手段上强调对案例进行研究和比较分析，采用文献研究、调查研究、实地研究、比较分析和社会统计的基本方法进行结果分析，其研究结果丰富了文化遗产保护的内容体系。

1.2 中国历史文化名镇保护述评

1.2.1 中国历史文化名镇保护实践与研究进程

受国外研究学者的影响，20世纪80年代，阮仪三教授等对江南六古镇进行了实地调研和相关保护规划的编制，标志着我国历史文化名镇保护更新实践的正式开始。随后，平遥、周庄、丽江等一批具有优秀历史文化传统的古镇相继涌现，呈现出良好的保护与发展势头，就此我国历史文化名镇的保护工作随即展开[22]。

我国历史文化村镇研究与保护实践可分为以下三个阶段。

1. 20世纪80年代——历史文化村镇研究的起始阶段

1982年2月国务院先后核定公布了第一批以北京为代表的24座历史文化名城和第二批的62处全国重点文物保护单位。随后，同年11月19日由第五届全国人民代表大会常务委员会第二十五次会议通过并公布了我国第一部《文物保护法》，这标志着我国基本建立起历史文化名城保护制度。1986 年、1988 年和 1994 年国务院依次核定公布第二批 38 座历史文化名城、第三批 258 处全国重点文物保护单位以及第三批 37 座历史文化名城名单。1989 年，《城市规划法》问世，城市规划中历史文化遗产的保护工作以法律的形式被确定下来。20 世纪 80 年代初期，阮仪三主持开展了江南水乡古镇的调查研究及保护规划的编制，开创了我国历史文化村镇保护研究的先河[3]。在这个阶段，城镇化进程不断加快，许多城镇在大规模建设中失去了地方文脉与特色，大量文化遗产消亡，引起大批学者开始关注城镇化建设中保护与发展之间的矛盾协调问题[1]。这些理论研究与实践经验为我国历史文化名镇的保护与发展奠定了理论基础。

2. 20 世纪 90 年代——历史文化村镇进入多学科多领域研究阶段

20 世纪 90 年代初期，建筑领域学者主要从民居改造、乡土建筑、聚落景观等方面着手，逐步加入了研究行列。单德启对贫困地区民居聚落改造进行了研究，彭一刚对传统村镇聚落景观进行了研究，陈志华对楠溪江中古村落乡土建筑进行调查研究；20 世纪 90 年代末，地理领域的学者也对历史文化村镇的研究产生了兴趣，开展了古村落空间意象等内容的系列研究[23]。

3. 21 世纪以来——历史文化村镇研究推广阶段

随着 2000 年“皖南古村落”——西递、宏村申遗的成功，2002 年《中华人民共和国文物保护法》关于“历史文化村镇”保护的明确规定，以及 2003 年中国首批历史文化名镇(名村)的公布，这一系列事件的发生标志着我国历史文化村镇的保护制度基本建立[24]。历史文化村镇的保护开始步入法制化轨道，越来越多领域的学者也参与到保护中，因此大量有关历史文化村镇保护的著作、论文、课题研究也逐渐增加。随着 2008 年《中国历史文化名城名镇名村保护条例》的问世，历史文化村镇的研究已经占据主导地位[1]。

从以上三个阶段来看，我国历史文化村镇的保护历程由以文物保护为核心的单一体系发展为文物、历史文化保护区和历史文化名城三个层次的中国历史文化遗产保护体系；保护范围由文物本体拓展到文物所在环境和历史文化名城、街区、传统村落的整体格局与传统风貌；保护思路由单一抢救性的静态式保护转变为文化遗产保护与发展的和谐统一，强调整治性保护，渐进更新，通过不断注入新活力，促进其永续传承。

自 2014 年起，国家先后公布六批国家历史文化名镇，数量达 252 个，历史文化名镇保护与合理利用已经成为地方经济社会发展的重要组成部分，成为培育地方特色产业、推动经济发展和提高农民收入的重要途径，成为展示乡村传统特色、增强人民群众对民族文化的认同感和自豪感、满足社会公众精神文化需求的重要场所。保护和合理利用历史文化名镇受到国家和地方政府的高度重视。

1.2.2 中国历史文化名镇保护研究的主要内容

在高度相关性的原则指导下，检索中国知网(www. cnki. net)所收录的公开发表的学术文献发现，截至 2015 年 3 月，以“古镇保护”为主题的学术文章共有 1600 篇左右，而以“历史文化名镇保护”为研究主题的学术文章数量约为 550 篇[1]。

通过对历史文化名镇相关论文的整理与分析，可将历史文化名镇保护研究的内容分为古镇价值特色、保护规划、评选与评价体系、保护与发展、保护制度与机制研究等方面。

1. 古镇价值特色

历史文化村镇的价值涵盖面很广，具体包括建筑价值、历史价值、社会经济价值、文化价值、地域价值等。阮仪三总结出江南水乡古镇的价值特色主要体现在历史文化价值、优秀的规划与建筑艺术价值、在中国经济发展史中较高的地位、保存完好的城镇风貌等方面[25]。Joseph C. Wang[26]、黄婧[27]分别研究了江苏周庄古镇和上海松江县历史文化名镇的特色价值。

2. 古镇保护规划

赵勇和崔建甫较早对历史文化村镇保护规划进行了系统的研究，从保护规划的原则、内容、方法几个方面对其进行了基础性研究[28]。张丛葵等从建筑高度、人口容量、土地布局、道路系统、传统街巷、绿地景观、建筑整治与更新以及基础设施等方面分别提出了规划控制要求，为保护规划编制技术方法体系的建立提供了参考[29]。魏晓芳等在松溉古镇保护规划的实际项目中，首先分析了规划亟待解决的现状问题，然后通过保护、整治、调整、更新等规划手法，从小尺度的建筑到大尺度的整体格局对古镇进行建设引导，以求古镇能焕发新的生机[30]。田利以浙江省二十八都镇为例探讨了保护规划的原则和方法，认为保护规划应坚持真实性、整体性、完整性和动态保护、公众参与、改善生活以及注重发展、适当优先的原则，保护规划的内容应包括分析价值特点、制定保护框架、突出保护重点、划定保护层次及控制范围、明确保护发展的使用及限制要求，以及环境风貌整治及旅游发展规划等[31]。

3. 评选与评价体系

赵勇等以我国第一、二批历史文化村镇为例，从物质文化遗产与非物质文化遗产出发，遴选出 15 种评价因子建立起历史文化名镇保护评价指标体系，并运用到实际案例中，得到建筑、街巷、环境与民俗是影响决定历史文化名镇保护状况的主要因素[32,33]。接着，他们在评价体系建成的基础上构建起相应的保护预警系统，在文化遗产保护预警方面做出了有益的探索[34]。建设部和国家文物局在 2003 年和 2005 年分别出台了《历史文化名镇(村)评选办法》和《中国历史文化名镇(村)评价指标体系》，邵甬和付娟娟认为自颁布以来在申报阶段两法毋庸置疑发挥了重要作用，但是本着评选合理性与保护有效性的原则来说，应当在方法上实现从合便利性到合目的性的转变[35]。赵晶和赵婧[36]、胡海胜和王林[37]等，对完善、修正历史文化名镇村的评选规则提出了系统的建议。

4. 保护与发展

保护与发展是一个永恒的话题，研究视角和话题多元，研究成果较多。曾原和戴世蛰较早关注历史文化名镇保护与开发利用的相互关系，他们认为历史文化名镇的保护、开发与利用三者关系问题的核心是能否将文物的所有权与经营权分离。除此之外，建设“文化生态城镇”也是促使历史文化名镇社会、经济、生态、文化和谐共生的重要发展模式[38]。韦峰和徐维波以开封朱仙镇为例，从物质与文化两个层面分析了遗产构成要素，提出通过调整产业结构、培育文化资源以及设计重点地段来实现保护与发展的可持续交融[39]。罗哲文强调小城镇的重大价值，呼吁正确认识小城镇保护与发展的关系，合理解决保护与发展的矛盾，并肯定了小城镇在建设中国特色的社会主义中的作用(社会效益、经济效益、环境效益)[40]。

5. 保护制度与机制

保护管理制度是历史文化名镇基于科学的保护观为实现保护目标而建立的，它不仅有助于协调名镇保护中的各种社会关系，还有利于建立保护工作的规范化程序，进而实现贯穿始终的保护目标[41]。保护制度与保护机制方面的研究主要包括保护管理机构、管理法规、筹资渠道、公众参与等。

综上所述，我国学者关于历史文化村镇保护的研究内容较丰富，涵盖面广，理论体系已经基本建立；研究方法主要体现在定性分析上，定量研究偏少；散论性研究较多，系统性研究偏少。本书以鲁史历史文化名镇作为研究对象，旨在通过鲁史具体情况的调查、资料的收集整理，在相关上位规划的指导下编制其保护规划，丰富历史文化名镇保护规划的理论和方法体系。

1.3　相关案例分析

1.3.1　德国海德堡

1. 海德堡概况

海德堡位于德国西南部符腾堡州、奥登森林旁，南靠王座山，北临莱茵河的主要支流——耐卡河，现有人口 15 万，是一个充满活力的传统和现代混合体，是德国著名的旅游文化之都。20 世纪五六十年代，海德堡受战后经济的影响，以发展第二产业为主。到了七八十年代，其产业结构逐渐转向第三产业，重点发展旅游业，通过对老城的更新，现代旅游业已成为其城市经济的支柱产业。

2. 规划特点

(1)封闭的城市空间形态。海德堡背山面水，内卡河与王座山限定了城市的边界，城市形态封闭感极强，呈现出中世纪古城典型的城市形态。

(2)城区宜人的空间尺度。城市街道空间以满足人的步行条件为基础，狭窄、蜿蜒；

城市广场与主街串联，大小不一、尺度宜人，形成了城市开敞空间系列。

(3)以土红色为主的城市格调。城市中建材的质地和色彩对城市性格的塑造至关重要。在海德堡的城市沿革中，城内许多单体建筑都经过了修缮。传统的砖瓦虽被新型的建材所取代，但新材料的质地和色彩仍保留了中世纪城市建筑的性格特征，它们延续了城市的历史文脉。

(4)细节环境设施的统一。海德堡所有广告、商店招牌、城市标识小品以及海德堡大学的信息发布招贴都由专项城市设计予以协调性控制，以致城市风貌从宏观到微观都显得整体和谐。

3. 借鉴意义

德国海德堡对鲁史古镇的历史文化风貌建设具有很大的参考价值。具体表现在以下几方面。

(1)建筑设计与改造。海德堡的整体风貌、建筑风格以及从街面铺地材料到建筑外墙材质都有政策加以统一及保护，以体现城市整体的文化韵味，形成特色鲜明、和谐而不失变化的整体景观。

(2)环境与基础设施配置。通过微观的商业环境、居住环境等不同功能性质的环境空间的设计，表现变化而统一的景观，各类环境小品的建设，点缀出古镇的整体形象。加强基础设施的投入，以满足村民的需要。

(3)街道和广场空间。街道以满足步行条件为宜，保留历史文化特色，开辟小型公共空间，为村落民众和游客提供休憩、驻足的场所。

1.3.2 日本山北镇

1. 山北镇概况

山北镇面临日本海，位于新潟县最北端，总人口约 7000 人，总面积约 300 平方公里，山林面积达 90%。其中散布了 48 个大小村落，整个地区演绎着海山河川变换的自然景观，同时也孕育出地域特殊的农林渔业等传统产业景观。

2. 规划特点

(1)山北镇把“观光”作为主要产业，即 48 个村庄聚落的日常生活，作为基本资源之地域创造。

(2)在任何一个村落中，每一个人都是地域创造的主人翁，真正体现了全民参与的重要性。

(3)规划理念上以乡土所培育的智慧和传统为造镇的基本理念，并对大自然赋予小镇的一切景观和历史保存的文化保持着珍惜的态度。

(4)在规划过程中，以“地域文化性”作为基础出发点，述说开发对象及担当建设者全体性的重要性思想。主要是重新认识各村落中的地域资源，继而发现其他潜在的资源，如产业、技术、年中节庆等村落之文化资源。

3. 借鉴意义

(1)山北镇为了让村落的技艺不灭绝，便让当地村民积极地学习传统技艺，得到村民的认同。2000年，设立“山北产业之乡企业组合”，开始特色布的制作与销售。2005年，山北生产的树皮特色布，被日本经济产业省指定为国家传统工艺品。

(2)山北镇注重历史、文化传统的保留与延续，注重自然生态环境保护，基础服务实施和公共服务实施齐全，既满足居民和游客的生活所需，又塑造了良好的地方形象。

(3)山北镇以围合式的建筑群落为主，以广场和教堂为公共活动空间，街道风貌和谐，能体现小镇独有的特色。

1.3.3 乌镇

1. 乌镇概况

乌镇地处浙江省嘉兴市桐乡北端，西临湖州市，北界江苏苏州市吴江区，为二省三市交界处。乌镇是典型的江南水乡古镇，拥有六千余年的悠久历史，为“江南六大古镇”之一，素有“鱼米之乡，丝绸之府”之称。1991年，乌镇被评为省级历史文化名城，1999年开始古镇保护和旅游开发工程，被评为国家AAAAA级景区，是全国20个黄金周预报景点之一。

2. 规划特点

(1)乌镇东栅与西栅景区先后被开发，统一的水乡古镇风貌，不同的产品特色，东西栅景区的定位转变充分彰显了乌镇旅游转型升级的空间拓展、产品提升、业态转变、设施升级等各方面的提升，是景区对旅游趋势发展的把握和前瞻[42]。

(2)古镇道路交通通过采取多方式交通协调的策略，来增加古镇旅游的承载能力。一方面建立公共停车场，并为游客提供公交车、公共自行车以及接送巴士，达到“快到慢游”的目的；另一方面，建设旅游集散中心，提供行李托运、景区售票、住宿登记，甚至餐饮、购物、住宿等功能，将景区非核心功能外移，减少景区压力，提高古镇旅游承载力[42]。

(3)规划过程中，乌镇规划对修真观、昭明太子读书处、唐代古银杏、转船湾、文学巨匠茅盾故里等国家级重点文物保护单位给予重点保护。尤其是茅盾故里内东侧的立志书院，现辟为茅盾纪念馆给予了合理有效的保护并予以展示利用，此外，西栅老街也是我国保存最完好的明清建筑群之一。

(4)乌镇保护强调承接古镇文脉、保持古镇风貌，力求原汁原味，做到“整旧如故，以存其真”。除了历史建筑，水乡古镇完整的生活形态和地域文化也在古镇的保护中获得永生。乌镇以江南蚕桑文化和水乡文化为精髓的乡土民俗高度发达。在保护和开发进程中，乌镇陆续开辟了多姿多彩的民俗展馆，逐步恢复了如蓝印花布、三白酒等传统工艺品与食品作坊的生产；复原了具有浓郁地方色彩的“香市”“瘟元帅会”等民俗节日；不遗余力地挖掘了高竿船、箍桶、皮影戏、花鼓戏等濒临失传的民间技艺和地方戏曲。乌镇历史上的水乡文化在过去十多年中已逐渐从斑驳的史籍中走出来，回归到每一户寻常百姓家，为慕名而来的四海宾客创造了真切体验水乡文化的机会[43]。

3. 借鉴意义

(1)规划过程坚持以旧修旧、合理保护与开发的原则，对文物保护单位、历史建筑、传统风貌建筑给予重点保护，最大限度地保留古镇的历史文化遗产。

(2)基础设施和公共服务设施规划要把保护放在首要位置，必要的建筑小品、休憩小品要围绕整个历史文化名镇来进行设计，注意与古镇全局性的协调。

(3)以旅游促保护模式，充分挖掘、抢救和保护古镇的历史文化，保存历史文化名镇风貌的完整性，合理利用古镇旅游资源进行开发保护。

1.3.4 丽江古城

1. 古城概况

丽江古城又名大研古镇，始建于宋末元初，已有800多年的历史，至今保存着人类唯一存活的象形文字——东巴文，保存着以唐宋音乐为原形又自成风格的纳西古乐，是中国历史文化名城之一。丽江风光秀美，巍峨神秘的玉龙雪山是国家级风景名胜区。联合国世界遗产委员会评价丽江：把经济和战略重地与崎岖的地势巧妙地融合在一起，真实、完美地保存和再现了古朴的风貌。古城的建筑历经无数朝代的洗礼，饱经沧桑，它融汇了各个民族的文化特色而声名远扬。丽江古老的供水系统纵横交错、精巧独特，至今仍有效地发挥着作用。

2. 保护模式

丽江古城保护与发展的成功经验被誉为“丽江模式”，其主要内容如下。

(1)坚持保护与利用相结合，注重原真性和完整性保护。一是新旧分开，分区建设即保护古镇区，建设新镇区，注重原真性和完整性保护。二是坚持保护第一的原则，处理好遗产保护与开发旅游的关系，着眼于不追求黄金周效应而力求可持续发展。

(2)政府投入巨额资金，恢复古城格局和文化风貌。历经10年投入16亿元巨资，修复古城古街及其古民居，古建筑保护率达100%；实施古城给排水管网工程；实施“走进纳西人家”“民族文化特色街”等项目。

(3)加强民族文化传承发展，实现纳西文化与经济对接。一是建立东巴文化生态保护区，创建东巴文化传习院，继承、传授象形文字和东巴文化。二是精心经营民族文化产业，打造“纳西古乐”“丽水金沙”“印象丽江”等文化品牌，有效促进了地方特色文化产业的发展。

(4)政府通过建章立制，多渠道筹集保护资金。一是景区门票收入提留5%左右作为保护资金；二是征缴古城维护费；三是接收境外有关机构和基金会以及国有企业的捐赠；四是古城内公房的出租收益。

(5)坚持古城保护的“四必须、五不准”。一是坚持四个必须：即古城建设必须整旧如旧；必须重点保护好水系、道路、桥梁、民居；必须解决好保护古城风貌与古城民居现代生活之间的矛盾；必须让古城居民自觉参与古城保护。二是坚持五个不准：即古城建设不准破坏古城布局；不准侵占水系、道路；不准加高楼房；不准用现代建筑材料装饰房屋；不准见缝插针建房子。

(6)实施古城保护六大重点工程：一是实施古城全面修复工程，使古城文化品质和城市功能得到提升；二是实施古城周边环境整治古城，为古城营造优美舒适的外部环境；三是实施古城基础设施改造工程，维护古城风貌和原住民居住其中的“活态古城”；四是实施古城水资源保护工程，严格保护古城的自然风貌和生态环境；五是实施古城美化绿化工程，使古城在保持原貌基础上更加靓丽整洁；六是实施古城民风民俗保护工程，使民族文化焕发回味无穷的原真性魅力。

3. 借鉴意义

(1)严格按照有关部门编制的规划文件对历史文化区域进行保护，禁止在保护范围内开发或新建破坏古城风貌的建筑小品或构筑物，对核心保护区进行必要性建设时，要把保护文化遗产放在首要位置，且任何建设活动必须遵循保护遗址遗迹的原则进行建设，坚持保护与修复并存的原则。

(2)本着继承、保护、发展相结合的原则对保护范围进行保护。对范围内的历史文化和地域特征进行研究，使建设控制区和风貌协调区内的风格特征不走样、不变味；充分调节各种资源，依据游客容量完善基础设施和公共服务设施的投入力度，丰富保护范围的发展。

(3)加强文化传承，精心打造“人无我有、人有我优、人优我特、人特我专”的地方文化产业，促进地方文化特色的发展。

第2章 鲁史镇概况

2.1 鲁 史 简 介

鲁史古驿道兴于唐宋，盛于明清，是内地通往边境的通道。因地理位置险要，鲁史古镇曾一度成为滇西茶马古道的咽喉重镇，被誉为“茶马古道第一镇”。700多年来马帮南来北往，鲁史古镇虽小但传奇很多。在鲁史古镇，无论是街边沧桑的老房子，还是回荡着古刹钟声的魁星楼、黛瓦砖墙的古戏楼，历史无不在这里积淀、升华、延续。南来北往的马帮把丝绸、百货、布匹、盐巴以及中原文化撒播到鲁史，把鲁史的茶叶、药材以及民风民俗传播到四方。多少商人与马帮结伴而行，多少文人墨客感受过古道之艰难，他们或在此驻足观光，或开设商号，无数店铺构成了鲁史最基础的元素。日复一日，年复一年，这些店铺和匆匆的过客，在鲁史的各个角落静静地讲述着关于马帮的传奇故事。随着时代的进步和发展，现代化交通工具替代了往日马帮的意义，于是这段辉煌的历程就被不经意地搁浅在了历史的深处。

2.2 地 理 区 位

鲁史镇位于云南省临沧市凤庆县东北部，地理位置为北纬24°44′～24°58′，东经99°54′～100°06′，地处澜沧江与黑惠江两江之狭，东邻新华乡，南与大寺乡、小湾镇隔江相望，西与保山市昌宁县耇街相接壤，北与诗礼乡毗邻，以黑惠江与大理市巍山县为界，是凤庆县江北片区的经济、文化中心及交通枢纽[44]。镇政府驻地距凤庆县城84km，镇域内有一条四级公路通过并且作为镇区主要道路。

2.3 自 然 环 境

鲁史镇山高谷深，呈东西长、南北狭的形状。境内山脉属云岭山脉澜沧江左山系青木山支脉。由昌宁入境，一支从西南向东由诗礼入鲁史，至黑惠江边牛街止，一支沿澜沧江向东延伸至南海止。其中98%为山地，境内最高海拔为2970m，最低海拔为970m。古镇境内海拔高差大，立体气候强，高差与温差成反比，故有“一雨便成冬，十里不同天”的谚语。年平均气温为 15.3℃，年平均降水量为 1100～1200mm。年平均日照 2120h，农历三月日照最长，农历七月日照最短。生态环境多样，生物群落组合复杂，植物资源丰富，寒温带、亚热带植物均有分布。

2.4 历史沿革

明万历二十六年(1597 年)，顺宁府在阿鲁司设行政管理机构阿鲁司巡检，地址在古镇四方街，史称“衙门”，为明代顺宁府设在夹江地区(澜沧江、黑惠江)的行政管理和军事管理机构[44]。“阿鲁司”是彝语小城镇的意思。随着时间的推移，“阿鲁司”被改名为“鲁史”。鲁史古镇是北出下关、昆明，南进顺宁、镇康，再西出缅甸、泰国的茶马古道上的重镇。在明清时期，是顺宁府管理澜沧江以北地区的重要行政机构，曾设里、团、区，新中国成立后，又先后设立社、区、乡、镇。

鲁史原名阿鲁司，明万历二十六年(1597 年)设“司讯”，辟为街场，至今 418 年历史，民国十八年(1929 年)建镇。明清时代为顺宁府(县)管理澜沧江以北地区的行辕，即县府在江北地区临时办公的场所，设在街子的中心点四方街，清末民国初年正式设区团等地方管理机构，辖区为南至澜沧江，北至黑惠江以北的杉松哨(今巍山县爱国乡)。

鲁史居于明清以前开辟的与国外缅甸、泰国商贸的茶马古道上，也是内地通往边境的主要通道。历史上由于地理位置的险要，南有澜沧江之阻，北有黑惠江之隔，三面环水，天然屏障，有“一夫当关，万夫莫入”之险，既是历史上兵家必争之地，又是商品集散的理想之所。

历史上由于改朝换代的战乱，内地的官员、富豪被迫迁徙边疆，因鲁史环境气候好，又在交通要道上，是居家较为理想的场所，故部分定居鲁史。内地人的落籍带来了先进的文明，促进了鲁史的社会、文化、经济的发展。

2.5 社会经济

全镇辖鲁史、金鸡、古平、金马、宝华、鲁家山、沿河、凤凰、犀牛、力马柯、羊头山、团结、河边、永发、永新、老道箐、新塘 17 个村民委员会，208 个村民小组，6576 户住户，2014 年年末总人口 27640 人，农村人口 26161 人。鲁史镇政府坚持巩固农业基础地位不动摇，以推进生态化、多元化为抓手，着力优化产业结构，提高综合生产能力，促进提质增效。2014 年全年实现生产总值 4.95 亿元。镇域总面积 318 平方公里，耕地面积 32248 亩，其中水田 4710 亩，旱地 27538 亩，森林面积 23261 公顷，森林覆盖率 87%。完成粮食播种面积 56384 亩，实现粮食产量 11640 吨。茶园面积 9634 亩，实现茶叶产量 600.1 吨，茶农收入 519.6 万元。种植核桃面积 128535 亩，实现核桃产量 41943.57 吨，农民总收入 1.47 亿元。种植烤烟 18763.6 亩，收购烟叶 46271.97 担，烟农总收入 4952.84 万元。种植蚕桑 60 亩，实现鲜茧产量 3.9 吨，蚕农总收入 15.6 万元。

肉类总产 7400 吨，实现畜牧业产值 1.22 亿元。此外，新植核桃 2000 亩、澳洲坚果 4000 亩、红花 3000 亩、红花油茶 2500 亩、咖啡 1766 亩，种植林下魔芋 511.1 亩，种植油菜 1500 亩。建成家庭农场 1 个，实现年销售农产品总值 40 万元。注册成立农民专业合作社 16 个，实现年产值 125 万元[45]。

第3章　鲁史古镇价值特色研究

3.1　文 化 解 析

鲁史古镇历经了几百年的风雨历程，留下了丰富的历史文化遗产。古镇文化从形成、发展、传承到今天又注入了新的内涵，尽管我们看到的许多历史建筑已经不复往昔的风采，但是，文化的延续始终没有改变，这也是支撑鲁史走到今天依然倍具活力的根本原因。社会在变、环境在变，精神却没有变。

概括起来，鲁史文化的根源来自以下几个方面。

3.1.1　茶马古道文化

据《顺宁县志》记载，自古以来，鲁史为顺宁通往蒙化(巍山)、下关、昆明的必经之路，古驿道南北横贯其境，并设铺司传递官方公文。以鲁史为中心，南路由鲁史至金马、松林塘、青龙桥、新村至县城，一直南下至临沧、普洱、西双版纳，直达东南亚国家；北路经犀牛出县境，经巍山、大理，东至省城，北上丽江、西藏，直达印度等国家。

“蹑冈头，有百家倚冈而居，是为阿禄司……是夜为中秋，余先从顺宁买胡饼一圆，怀之为看月具，而月为云掩，竟卧。”从《徐霞客游记》的内容看，徐先生曾沿着这条茶马古道到过鲁史，并在此度过了一个中秋节。1927年，我国当代著名作家艾芜南行时，也是与马帮结伴，经过云南驿、鲁史、保山等地到达缅甸的。据《云南通志》记载，这条古驿道开辟于元成宗大德五年(1302年)，距今已有七百多年的历史。

经过鲁史古镇的古茶道主要有三条：

(1)凤庆(顺宁)—鲁史—巍山(蒙化)—下关(大理)—丽江—中甸—西藏；

(2)凤庆(顺宁)—鲁史—巍山(蒙化)—下关(大理)—昆明—省外；

(3)大理—下关—巍山(蒙化)—鲁史—凤庆(顺宁)—镇康—耿马—缅甸[46]。

历史上，顺宁县城至鲁史的驿道上，每日往来的马帮数百匹，多至上千匹。客商则有的骑马、有的坐轿、有的坐滑竿。鲁史境内有金马街、鲁史街、犀牛街三个中间住宿站，开有马店，供客商住宿，供给马帮草料。

到20世纪六七十年代，鲁史还有长年马帮驮马1000多匹，并开办马店，设有兽医，成立有民间运输站，管理马帮的配料和粮料的供应。至今驿道上驮运货物的骡马络绎不绝。

3.1.2 民族文化

鲁史古镇居住着汉、彝、苗等10个民族，各民族有着丰富多彩的民族文化，又由于长期杂居，民族文化交融发展，传承了许多共同的文化。

鲁史古镇的汉族信奉佛、道、儒三教，大多数人家都敬天地、祭祖宗，其寺观主要有兴隆寺和位于镇北凤凰山顶的云栖寺，还有层楼叠翠、飞角流丹、魁星高座、手握朱笔的文魁阁，这些都是祭祀祈福的场所。

佛教在清乾隆年间开始传播，来自宾川鸡足山的大和尚到鲁史建兴隆寺传教。兴隆寺原为鲁史完小旧址，占地13亩，结构为两进、三殿、六个天井、飞檐拱斗、翘角，有大小殿堂10余间，为夹江地区规模最大，建筑最宏伟壮观之寺观，民国以后改为学校，现仅存正殿。

道教主要道观演奏的洞经音乐，据史料载："离现在镇政府所在地约五公里的'武当山'道观，专门设有一班吹拉弹唱的乐生班子共8人，他们在寺观做法事时奏乐弹洞经，有时村民家办丧事超度亡灵也请乐班子去弹经。"洞经乐器主要有鼓、钟、罄、二胡、月弦、笛子、铜箫等。

从正月初二开始，直至元宵节为止，古镇都要耍龙灯。农历三月二十八日的大尖山朝山庙会，附近村寨的善男信女到大尖山朝山赶街。

不管是彝族还是苗族都有自己独特的茶文化，鲁史当地居民品茶讲究"一盅苦，二盅涩，三盅才敬客"。茶香四溢，喝起来沁人心脾，是上可登大雅之堂，下可及普通人群的佳饮。

3.1.3 小　结

虽然鲁史已经不复往昔的古道重镇，但是文化传统决定了这里部分传统生活方式依旧代代相传。虽然物质生活水平已经提高了很多，这里依然延续着古老的活动形式。宗族情感、宗教信仰依然是鲁史人的精神支柱。

同时，这样的文化传统和生活方式的延续，也为我们留下了丰富的历史文化遗产……

3.2 物质遗存

3.2.1 遗址遗迹

鲁史古镇已发现的遗址遗迹，分别是位于鲁史镇的茶马古道鲁史楼梯街、茶马古道鲁史段、青龙桥遗址以及位于沿河村的武当山圣喻堂遗址。

1. 茶马古道鲁史段

茶马古道以鲁史为中心，南路由鲁史至金马、松林塘、青龙桥、新村至县城；北路经犀牛出县境，经巍山、大理，东至省城，北上丽江、西藏，直达印度等国家。据《云南通志》记载，这条古驿道开辟于元成宗大德五年(1302 年)，距今已有七百多年的历史，至今驿道上驮运货物的骡马仍络绎不绝。茶马古道鲁史段是以马帮为主要交通工具的民间国际商贸通道，是中国西南民族经济文化交流的走廊。茶马古道有着深厚历史文化内涵的概念，它积淀和保留了丰富的原生态的民俗文化，具有丰富的文化内涵与较高的研究价值。茶马古道不仅是商品交换的渠道、文化传播交流的通道，而且还是一个非常特殊的地域称谓，是一条自然风光秀丽、文化内涵丰富的旅游精品线路，具有极高的开发利用和研究价值[47]。

2. 茶马古道鲁史楼梯街

鲁史楼梯街长 266m，宽 4m，中间为长方形石板，两边铺垫石头，有些石头还遗留着当年的马蹄印。滇西茶马古道鲁史古镇段从楼梯街南大门的两株百年古树中间进入古镇，绕古道北出栅子门通往犀牛渡口，是至今保存较为完整的茶马古道过境段。鲁史楼梯街保留了茶马古道的历史风貌，成为鲁史古镇过去商来贾往繁华历史的有力见证，对研究茶马古道的历史和发展具有重要的意义。2006 年茶马古道鲁史楼梯街被临沧市人民政府公布为市级文物保护单位。

3. 青龙桥遗址

青龙桥原址位于凤庆县鲁史镇金马村和小湾镇正义村交界的澜沧江上，距县城 50 公里。始建于乾隆二十六年(公元 1761 年)，历经嘉庆十九年(公元 1814 年)、道光二十年(公元 1844 年)、咸丰七年(公元 1857 年)、同治十三(公元 1874 年)、光绪十三年(公元 1887 年)、民国十四年(公元 1925 年)、民国十九年(公元 1930 年)、民国三十四年(公元 1945 年)屡次维修。青龙桥全长 93.25m，净跨 72m，宽 3m。桥面由 16 根铁链缠绕在江两岸的柱上，上铺木板，两侧加钢绳吊木扶栏。桥两端各有桥楼五间，摩崖碑刻数块。青龙桥古往今来就是滇西南连接内地的重要通道，是云南境内澜沧江上三座古桥之一，目前保存完好，对研究临沧茶马古道历史和古铁索桥的建造技术提供了系统的实物资料。1995 年被临沧市人民政府公布为市级文物保护单位。凤庆青龙桥因处于小湾电站建设淹没区，将搬迁到凤庆县凤山镇金平办事处境内的红龟山重建。

4. 武当山圣谕堂遗址

圣喻堂遗址位于镇南沿河村委会方家社村对面的武当山顶，建于光绪三十二年(1906 年)，由正殿、经坛、厢房等组成，佛教寺庙。后因地理位置不适，于民国二十五年(1936 年)冬将圣谕堂迁至玄灵阁。圣谕堂遗址为研究当地的佛教起源和发展提供了实物依据。

3.2.2 传统民居

传统民居是鲁史古镇存量最丰富，分布最广泛的物质文化遗产，也是鲁史古风盈然最集中的体现。

鲁史地处滇西茶马古道重要驿站，集四方商贾，繁华热闹，南来北往的客商带来多元文化的交融，加之被迫迁移边疆屯田戍边的内地汉族带来的先进文化，促进古镇文化的繁荣，在民居建筑中有璀璨的展示。这里呈现出样式丰富、形态不一、精彩纷呈的民居建筑。

古镇建筑主要效仿大理“南诏”和江南一带的民居风格，在空间组合上有“＝型和L型”两面围合的院落，“三房一照壁”的三合院，“四合五天井”的四合院，有的还形成了走马转阁楼，以及一进两院的组合型庭院。各户院落常以正房、厢房、厅房组成，以青砖土墙、漏窗木门维护房屋。正房大多是一楼一底上下各三间的五架、叠梁式木构架，墙体与掾柱梁衔接的地方都用麻布石或青石板封起来，以防火患。正房二楼还出一厦，在厦的左右两边与墙体相接的地方各设一马头墙，马头墙大多为长方体，也有弧体或多角体。墙体正面和侧面都绘有精美的水墨书画图案。屋顶为双坡悬山、硬山、卷棚等多种形式，且两面出厦，房檐上的勾头瓦，都雕刻有图案，露在外面的梁头或柱面，大多雕龙刻凤以示吉祥，其门窗装饰更为讲究，有的在一扇窗上就雕刻有几种或几十种动植物图案，尤其以麒麟、喜鹊、秋菊、仙鹤及松竹多见。院落大门形式各异，位置和方向不一，主要取决于与街道的关系，通常选择开朝里巷，以砖木、砖拱最为常见，并用砖雕、石雕、木雕加以装饰。三合院的照壁上，有的书写着由龙和凤组成的“福”字，有的书写着各种形体的“寿”字，有的绘上各式山山水水，照壁下脚都砌有花台鱼池。而各庭院均以当地常见麻布石为铺装用材，种植茶花、缅桂、秋菊等乡土花木。

古镇建筑群体是江南汉族民居与南诏建造手法相互融合、不断演化的产物。荟萃着多地传统建筑的精髓、映示出特定地域文化和自然环境。古镇建筑历经久远逐渐形成区别于其他流派，独具地方特色的风貌，不仅是古镇发生、发展的历史见证，还具有较高的建造及装饰艺术等研究价值。

3.2.3 寺观、庙宇

作为中国历史文化中的一个重要组成部分，寺庙文化是以寺庙作为时空限定的特殊文化现象。它既是宗教文化与其信仰社群文化的精神复合，又具有历史学、人类学、社会学、民俗学、艺术学等学科的研究价值。因此，大凡古城、古镇都有寺庙。

1. 犀牛太平寺

寺庙坐落于鲁史镇东北方 15km 处的犀牛街，始建于清道光七年(1827 年)，光绪九年(1883 年)重修，距今有 180 多年历史。原占地面积 12934m²，现仅存钟鼓楼，其余殿堂已毁，土木结构，飞檐、斗拱、翼角式建筑，是江北地区茶马古驿道上第二大寺观。

2006 年被临沧市人民政府公布为市级文物保护单位。

2. 兴隆寺大殿

兴隆寺始建于清鼎盛时期，由宾川鸡足山高僧永明大和尚创建，距今已有 200 多年历史，坐落于现今的云大书院内。原有大小殿堂十余间，分别为两进、三殿、六个天井。现仅存大殿，其余殿已毁。大殿面阔为 11.8m，占地面积 129.8m^2，为单檐歇山顶土木结构，前檐有斗拱，其余三面封闭。大殿屋檐雕龙刻凤，墙壁绘有花鸟虫草、八仙等图案，是江北地区规模最大，建筑最宏伟的佛教建筑。鲁史兴隆寺于 2006 年 6 月被临沧市人民政府公布为市级文物保护单位。

3. 尖山寺

大尖山位于鲁史古镇西北方向约 14km 处，山上的寺庙是附近村民祭祀祈福的场所，每年农历三月二十八日，都有大尖山朝山庙会活动，寺庙里传出做法事的诵经声、钟鼓声和赶庙会喧哗的人声汇在一起，相隔数华里就可听到。

4. 川主庙

川主庙又称川黔会馆，位于鲁史楼梯街东侧，传说由居住鲁史的川黔籍商民所建。民国七年(1918 年)建成，为川黔籍人祭祀川主和同乡会活动场所。由正殿、厢房、花园、天井等部分组成。1952 年后，厢房分配为民宅，正殿作公房保留至今。

3.2.4　古井古树

鲁史古镇长期的历史进程，不仅为人们留下了大量的古建筑遗存，同时也创造了许多丰富多彩的非建筑遗存。古井、古树形成的村落特色空间，为人们乘凉、取水提供了一个惬意的场所，也不枉费古人栽树打井。

1. 古井

鲁史古镇内有古井三口，分别为位于鲁史街西侧的鲁史古井、位于曹子昌家门前的小水井和陈文兴家门前的字家水井，历史悠久，是鲁史古镇旧时生活氛围的重要见证。其中鲁史古井是县级文物保护单位，水井 6m 见方，深 5m 左右，保存完好，水质清澈甘甜。井口正面的台阶伸向井底，水从井底分左中右三股向上喷涌。每当月夜，月光映入井底，可以看到晶莹的水柱、汩汩的水花从井底喷出。历史上人们把它作为古镇一景，名曰“古井印月”。

2. 古树

鲁史古镇内有许多饱经风霜的百年古树，犹如古镇的一道绿色围墙，也成了古镇历史的标志，古树大多数是大叶榕、沙朴树、红木、柏木、菩提榕，大多数古树树龄都在 300 年以上。有诗云：“唯有故乡千秋树，春风秋雨长危柯。”古树枝繁叶茂、树形优美，涵养水源、美化环境，见证古镇的沧桑变迁，建构古镇的历史环境。

3.2.5 桥梁

勐家桥：位于黑河上，明代勐氏建，故名。清康熙五十一年(1713年)，知府赵承恭重修易名兴善桥。民国三十年(1941年)，陈恩荣、杨文洪改建为石拱桥，跨度6m，高5m，修筑工艺精湛，气势宏伟。毁于1986年洪灾，历时45年。1992年社教期间，犀牛党支部办事处在勐家桥旧址修建铁索吊桥[48]。

鹿马柯河桥：建于清末民国初年，以毛石支砌桥墩，上搭仿木作桥面，上下两百米一式两座，建起至今除更换桥板少事维修，依然保持原结构不变。

亚洲第一深水高桥——漭街渡大桥：漭街渡大桥主墩最大高度168m，主跨长220m，均为亚洲之最，设计车辆荷载为公路Ⅱ级，是小湾电站复建工程之一。该工程由华能澜沧江水电公司出资建设，总投资约1.8亿元。大桥的建成，极大地改善了沿江两岸的交通状况，给两岸人民的生产生活带来极大便利，并带动区域经济社会发展[49]。

3.3 非物质遗存

非物质文化是各族人民世代相承、与群众生活密切相关的各种传统文化表现形式和文化空间。既是历史发展的见证，又是珍贵的、具有重要价值的文化资源。古镇各族人民在长期生产生活实践中创造的丰富多彩的非物质文化，包括传统技艺、民族节日、民间祭祀、地方戏曲、民族歌舞等方面。

3.3.1 传统技艺

传统技艺是能够生产具体物品的一种非物质文化，存在市场和价值，具有“活态流变”和“区域嵌合”的生产共性。

鲁史至今还保留着许多传统的手工技艺，如核桃榨油工艺、民居建筑技艺、酿酒工艺、酱油制作工艺、酱豆腐制作工艺等，这些工艺活态传承于村民们的生产生活。

3.3.2 民族节日

民族节日是民族生活方式的集中体现，也是民族传统文化的生动展示。根植于多民族聚居的深厚沃土，鲁史人民欢庆春节、中秋节、清明节、端午节等全国人民共同的节日，更在火把节、朝花山节等活动中展现民族节日文化的无限魅力。

3.3.3 祭祀祈福

鲁史的寺庙，终年香火不断。古镇人家正房堂屋内设神榜，设有“天地国亲师”，厨房设“灶君神”位，家家祭拜祖先。传统节日上还有各种祭祀祈福，如农历六月二十四隆重的火把节，村村寨寨都要祭祀五谷神，祈求来年五谷丰登；农历三月二十八日的大尖山庙会也是祭祀神灵、祈福保佑丰收平安的日子。

3.3.4 民间舞蹈

古镇民间歌舞最有名的是“打歌”“扭秧歌”“耍龙”等。

打歌：在古镇，凡办丧事都会打歌，有时办喜事或群众集会、团聚都要打歌以作消遣，起初几个人边吹箫笙边舞，青年男女闻声加入，群起舞之，舞蹈动作分满翻满转、半翻半转、种类有大直歌、小半翻、二退四、鸡摆尾、毛朝外等，动作粗犷，歌声高亢[50]。

扭秧歌：1950 年后，县委宣传队和土改工作队下乡带来的北方大秧歌舞蹈。这种舞蹈为群体歌舞，舞蹈动作粗犷、豪放、男女青年手挽手围成一圈，向前后、左右迈步扭动。20 世纪 50 年代农村开会前后都要扭秧歌，文艺演出也扭秧歌，60 年代以后此种秧歌形式逐渐减少。

耍龙：鲁史耍龙灯历史悠久，龙灯集纸扎、绘画、舞蹈、杂技、话剧节目于一体，场面壮观，艺术水平较高，每年春节和各种庆祝活动都要耍龙。历史上，天旱求雨、赶庙会也要耍龙。春节耍龙一般从正月初二开始至正月十六结束，先在公共场所耍，尔后到村寨、街道富户家里耍，耍龙户要摆香案、送红封，耍龙人讲祝福方面的吉利语言[50]。

3.3.5 地方戏曲

鲁史古镇地方戏曲属滇剧、花灯、话剧等最为著名。

滇剧：鲁史戏剧演唱，清末民初就盛行，多为过春节唱戏，也有个别富户祝寿请戏班子唱戏。春节唱戏由豪绅富户相约请外地班子来唱，戏班报酬由点戏户负责，其他观众可自由入场看戏，不必出钱买票。位于四方街的鲁史古戏楼就是演唱地[50]。

花灯：20 世纪 50 年代，鲁史大乡组织业余文艺宣传队，由曹光虎、石长坚执导，演出花灯剧《三访亲》《大茶山》《大姐》《红葫芦》等花灯剧。同年，凤庆滇剧团到鲁史演出，鲁史业余剧组应滇剧团邀请同台演出《三访亲》，观众评价很好[44]。

话剧：民国 32 年，鲁史中心完小师生利用课余时间自编自演歌颂抗日英雄事迹话剧多场，走上街头演出，宣传抗日。1951 年，鲁史各村都组织演出队到四方街演出，宣传抗美援朝，其中，《赤叶河》《白毛女》《刘胡兰》等话剧，对群众有很深的教育意义[44]。

3.4 价值特色整体评价

(1)历史文化价值：茶马古道鲁史段为国家级文物保护单位，是以马帮为主要交通工具时代的民间国际商贸通道，是中国西南民族经济文化交流的走廊，古道沿途的鲁史古集村、塘房村已被列入中国传统村落，鲁史古镇被誉为“茶马古道第一镇”。

(2)环境价值：古镇整体格局完整，依山就势，错落有致，街巷肌理清晰，体现出半为山村半为市、可作农舍可作商的山村古镇风貌。

(3)建筑价值：鲁史古镇以三街七巷为脉络，以四方街广场为中心，容纳着四百余处大小院落，其中有文物保护单位共 7 处、涉及 14 个点(国家级文物保护单位为茶马古道鲁史段，涉及 7 个点)、历史建筑 42 个院落、传统建筑 335 个院落，建筑质量优良和良好的建筑占整个建筑面积的 80%以上。古镇建筑古朴秀雅，类型丰富，大宅门和照壁浑厚端庄，装饰图案璀璨精美，庭院园林生机盎然。

(4)人文价值：民间艺术丰富多彩，涵盖传统饮食文化、民俗文化、民间传说、传统技艺等方面。

(5)旅游价值：鲁史古镇、茶马古道、五道河原始森林等自然和人文旅游资源类别多、等级高。

第4章　鲁史历史文化名镇保护现状

4.1　历史文化名镇保护工作进程

凤庆县和鲁史镇两级政府近十余年来不断推进鲁史历史文化名镇的保护工作，取得了以下成绩。

(1)2005年9月，鲁史积极申报旅游特色小镇，被云南省政府列入全省60个旅游小镇之一。

(2)2006年10月，鲁史被云南省政府命名为省级历史文化名镇。鲁史镇人民政府制定了《鲁史古镇保护管理暂行规定》，该规定包括古镇保护和管理范围划定、管理部门职责、民居修缮申报程序、保护区内财产权属等内容。

(3)2006年，以修旧如旧为原则，投资190多万元，对丫口子至大水井坡一线的茶马驿道(四方街、戏楼及贯穿古镇内的上平街、下平街、楼梯街、魁阁巷、骆家巷、文昌宫、古井、兴隆寺等)及人文景点进行了全面修复，保护“三街七巷一广场”的风貌格局。

(4)2008年修复下平街至鲁史完小门口、林业站岔口至大水井、魁阁巷、骆家巷驿道，投资120万元。

(5)2009~2013年，对古镇民居进行改善、修缮，抗震设防，旧房改造898户，国家补助资金1071.1万元。2012年古镇古驿道修复450m，总投资65万元。

(6)2011年，鲁史镇被列为全省210个特色小镇之一，编制了《鲁史特色小镇规划2012—2030》，并顺利通过了云南省住建厅组织的专家评审。

(7)2011年，茶马古道顺利通过了第七批全国重点文物保护单位的评审工作，于2013年3月正式出现在公布名单中。

(8)云大书院于2014年3月底全部完工，并通过竣工验收后交付使用。

4.2　历史文化名镇保护现状评述

鲁史历史文化名镇古镇区是历史文化资源最集中的区域，是保护的重点区域。

4.2.1 古镇区街巷空间

街巷格局以四方街为中心，沿三街七巷不断展开，临街建筑开设商铺，构成了鲁史古镇区主要街巷空间。街巷空间保存良好。

4.2.2 古镇区建筑现状分析

1. 建筑功能分析

鲁史古镇现状建筑总占地面积 128334.2914m^2，总建筑面积 152045.6152m^2，建筑密度为 30.68%，容积率为 0.36。

古镇区现状建筑按照使用功能可以分为公共建筑、民居建筑两类(详见表 4.1)。

表 4.1 建筑功能统计表

建筑功能类型	公共建筑					民居建筑	
	展览	活动	戏台	庙宇	商业	居住	商铺
数量/栋	1	2	1	1	2	935	43
占地面积/m^2	403.1	1557.2	116.7	7839.2	733.3	110539.1	7755.3
建筑面积/m^2	1147.2	2341.6	233.3	1991.2	687.2	139125.3	5073.7
占规划区总用地面积比例/%	0.31	1.2	0.09	6.05	0.56	85.44	5.99
占规划区总建筑面积比例/%	0.76	1.55	0.15	1.32	0.46	92.21	3.33

1)公共建筑

公共建筑按照用途可分为展览、活动、戏台、庙宇、商业等类型。其中，展览主要是陈列一些古镇的风俗民情、特色文化；活动空间即是为村民提供一个可供娱乐的环境；古戏台在节日期间可供村民表演娱乐；庙宇为村民祭祀祈福提供了一个场所；商业则是位于古镇片区的各种农家乐，为来往游客提供了便利。

2)民居建筑

民居建筑按照用途可分为居住和商铺两类，其中古镇现状建筑以居住建筑为主，占到总建筑面积的 90%以上。层数以一、二层为主，三层以上的多为现代风貌建筑。而临街民居都开设为店铺用于商业经营，共计 43 家，占地面积 7755.3m^2，建筑面积 5073.7m^2，占规划区总用地面积比例为 5.99%，占规划区总建筑面积比例为 3.33%。

2. 建筑价值类型

鲁史古镇现状建筑数量众多，各类建筑物及古遗址具有历史、艺术、科学等多方面价值，是该地区传统风貌的重要载体。将古镇建筑物及古遗址按其价值特点划分为文物保护单位、历史建筑、传统建筑、其他建筑共四类(详见表 4.2)。

表4.2　建筑类型统计表

建筑价值类型	文物保护单位	历史建筑	传统建筑	其他建筑
数量/院落	14	42	335	20
占地面积/m^2	3290.1	15912.6	95831.1	7353.2
建筑面积/m^2	4314.8	17065.7	104658.7	7447.4
占规划区总用地面积比例/%	2.68	13.00	78.31	6.01
占规划区总建筑面积比例/%	3.23	12.79	78.41	5.58

注：其中鲁史古井、鲁史楼梯街这两个文物保护单位的建筑面积不包含在内

1)文物保护单位

文物保护单位是指具有历史、艺术、科学价值的古文化遗址、古墓葬、古建筑、石窟寺、石刻、壁画、近代现代重要史迹和代表性建筑等不可移动文物，根据它们的历史、艺术、科学价值，可以分别确定为全国重点文物保护单位，省级文物保护单位，市、县级文物保护单位[51]。

鲁史历史文化名镇有文物保护单位7处，古镇内有国家级文物保护单位1处为茶马古道鲁史段(涵盖5个点)，市级文物保护单位3处，县级文物保护单位2处。文物保护单位占地面积3290.1m^2，建筑面积4314.8m^2，占规划区总用地面积比例为2.68%，占规划区总建筑面积比例为3.23%[其中鲁史古井、茶马古道鲁史镇区段(楼梯街、上平街)文物保护单位的建筑面积不包含在内](详见表4.3)。

表4.3　鲁史古镇文物保护单位详细信息表

级别	数量	名称	地址	年代	类别	面积/m^2
国家级	1	茶马古道鲁史段	鲁史镇鲁史村、金马村、沿河村、犀牛村	元	古遗址	
		阿鲁司官衙旧址	鲁史镇鲁史村	明	古建筑	615
		鲁史戏楼	鲁史镇鲁史村	民国	近现代建筑	113
		骆英才大院	鲁史镇鲁史村	民国	近现代建筑	244
		鲁史兴隆寺大殿	鲁史镇鲁史村	清	古建筑	130
		鲁史文魁阁	鲁史镇鲁史村	清	古建筑	51
市级	3	宗师华大院	鲁史镇鲁史村	民国	近现代建筑	412
		甘家大院	鲁史镇鲁史村	民国	近现代建筑	525
		李家大院	鲁史镇鲁史村	民国	近现代建筑	320
县级	2	鲁史古井	鲁史镇鲁史村	清	古建筑	24.64
		鲁史张家大院	鲁史镇鲁史村	民国	近现代建筑	271.74

2)历史建筑

历史建筑是经城市、县人民政府确定公布的具有一定保护价值，能够反映历史风貌和地方特色，未公布为文物保护单位，也未登记为不可移动文物的建筑物、构筑物[52]。包括经城市和县人民政府确定公布的优秀近现代建筑，具有一定历史文化价值的传统建

筑和近现代建筑，体现了一定历史时期的生活场景，其主体与环境均具有与文物类似的特征。这些建筑是鲁史古镇历史传统风貌的重要组成部分及核心内容，是保护工作的重要对象。因此，应当对历史建筑设置保护标志，建立历史建筑档案。

古镇历史建筑大多位于核心保护范围以内，占地面积 15912.6m²，建筑面积 17065.7m²，占规划区总用地面积比例为 13.00%，占规划区总建筑面积比例为 12.79%(详见表 4.2)。古镇全部历史建筑平、立、剖面形式，以及结构、装饰、材料等特征(详见表 4.4)。

古镇建筑皆是以“‖型和 L 型”两面围合的院落，“三房一照壁”的三合院，“四合五天井”的四合院，以及一进两院的组合型院落构成。院落大门以砖木、土木、木结构构成独立型或附属型。照壁有一滴水或三滴水形态，以吉祥字样、水墨画、影壁等装饰。

宅院建筑由正房、厢房、厅房组成。正房为两层、重檐建筑，厢房、厅房皆为两层、重檐或单层建筑。建筑平面宽一般为 3 跨，每跨 3～4m，共 9～11m；进深一般为 3 跨，每跨 2～3m，共 5～6m；建筑结构为五架或七架的木构架、抬梁式。

屋顶为双坡悬山、硬山、卷棚形式，材料为筒瓦、板瓦、页岩。

表 4.4　鲁史古镇历史建筑建造特点详细信息表

院落：

类型	名称	形式
空间组合	合院	‖、L
	三合院	三房一照壁
	四合院	四合五天井
	组合院	一共两院
院落大门	以砖木、土木、木结构构成独立型、附属型	
照壁	一滴水、三滴水以吉祥字样、水墨画、影壁装饰	

建筑：

建筑平面	建筑立面	建筑结构
面宽一般为3跨，每跨3～4m，共9～11m	正房两层重檐	五架或七架的木构架叠梁式
	厢房两层重檐或单层	
进深一般为3跨，每跨2～3m，共5～6m	厅房两层重檐或单层	

屋顶	
形式	双坡悬山
	双坡硬山
	双坡卷棚
材料	筒瓦
	板瓦
	页岩

屋身：柱梁	屋身：墙	屋身：门、窗	台基
木质梁柱	土坯	木格窗、木板窗、木格木板结合、局部带浮雕装饰	用青石垫高30～70cm，以麻布石铺面
	青砖		
	青灰系面砖贴面		
	砂浆抹灰粉白		
	以水墨画装饰		

其他：勒脚	马头槽	木雕	铺装	石制装饰	影壁	瓦
条石	方形扇形	梁	院落	染坊石	装饰于门楼檐口中、上、及中部	瓦当和滴水雕刻有图案、花纹、线条、吉祥字样
毛石		枋	厦子	古井石狮		
砖与青石组砌		罩	室内	柱础		
青石作基，麻布石铺面	影壁瓦作装饰	坐斗		勒脚		
		门	街巷	花坛		
		窗				

屋身由木质梁柱，土坯、青砖外饰以青灰系面砖、砂浆抹灰粉白、水墨画等墙体，木格、木板、木格木板组合、局部带浮雕装饰等门窗构成。

用青石垫高 30～70cm，以麻布石铺面。

梁枋、坐斗、罩、门窗等木质构件均饰以精致木雕。染坊石、古井石狮、柱础、勒脚、花坛等石狮构件均饰以各类石雕。勒脚有条石、毛石、砖与青石组砌、青石作基麻布石铺面等作法。马头墙有方形、扇形等形态，局部以影壁、各类瓦作等装饰。院落、厦子、室内、街巷等部位以麻布石、多边形青砖、方砖方形青石等为铺装材料。

3)传统建筑

传统建筑是传统营造工艺与传统文化习俗的结合体，具有地域特征，能反映历史文化民俗传统的建筑。其建筑结构与形式目前仍保存完整的木构架及保留着鲁史古镇传统民居的风貌，但对建筑材料与细部进行过更新及删减。

古镇传统建筑位于建设控制地带以内，占地面积 95831.1m²，建筑面积 104658.7m²，占规划总用地面积比例为 78.31%，占规划区总建筑面积比例为 78.41%(详见表 4.2)。

4)其他建筑

其他建筑主要是指近年来新建建筑，多采用钢筋混凝土结构，立面简单无细部，建筑形式、体量与传统民居极不协调。占地面积 7353.2m²，建筑面积 7447.4m²，占规划总用地面积比例为 6.01%，占规划区总建筑面积比例为 5.58%(详见表 4.2)。

3. 建筑质量分析

对古镇内的现状建筑质量进行评分比较，综合结构、墙面、屋面三个方面把古镇建筑质量划分为优良、较好、一般、差，共四个等级，由于门窗及装修对建筑质量评价影响很小，在此不予考虑(详见表 4.5)。

表 4.5　建筑质量统计表

等级	结构	墙面	屋面	占地面积/m²	占建筑面积/m²	比例/%	院落/个
优良	构件无残损，传力体系无大改变	墙面无大变形和残损	屋顶无大变形和残损	48502.3	51649.4	占地 37.80 建筑 33.97	109
较好	局部次要构件损坏，对传力体系不影响	墙面有少许残损，但无大变形	屋顶有少许残损，但无大变形	55616.5	61068.3	占地 43.34 建筑 40.16	174
一般	局部构件损坏，危及了原有传力体系	墙面有较大变形或有较大面积的残损	屋顶有较大变形或有较大面积的残损	26400.7	31126.7	占地 20.57 建筑 20.47	116
差	大部分构件损坏，危房	墙面有大的变形和残损	屋顶有大的变形和残损	2671.5	3129.6	占地 2.08 建筑 2.06	12

(1)建筑质量优良，一般为 20 世纪 90 年代后改建的现代传统建筑；共计 109 个院落，占地面积 48502.3m²，建筑面积 51649.4m²，占规划总用地面积比例为 37.80%，占规划区总建筑面积比例 33.97%。

(2)建筑质量较好，多为现代建筑或历史建筑经过较好的修缮和维护，共计 174 个院落，占地面积 55616.5m²，建筑面积 61068.3m²，占规划总用地面积比例为 43.34%，占规划区总建筑面积比例 40.16%。

(3)建筑质量一般，结构和围护材料基本完好，多为历史建筑经过简单的维护和修缮，共计116个院落，占地面积26400.7m²，建筑面积31126.7m²，占规划总用地面积比例为20.57%，占规划区总建筑面积比例为20.47%。

(4)建筑质量差，结构和围护材料已老化基本属于危房类型，以历史建筑为主。同时所有牲畜棚划定为质量差的建筑。共计12个院落，占地面积2671.5m²，建筑面积3129.6m²，占规划总用地面积比例为2.08%，占规划区总建筑面积比例为2.06%。

4. 建筑高度分析

古镇现状建筑以居住为主，占到总建筑面积的90%以上。层数以一、二层为主，三层及以上的，多为新建建筑及现代风貌建筑。将古镇建筑按层数多少分可为一层、二层、三层及以上共3类。其中，一层建筑共计462栋，占地面积9514.2m²，建筑面积9514.2m²，占规划区总建筑面积比例为26.77%；二层建筑共计1214栋，占地面积48045.1m²，建筑面积96090.3m²，占规划区总建筑面积比例为70.34%；三层建筑共计50栋，占地面积为3049.5m²，建筑面积为13069.9m²，占规划区总建筑面积比例为2.90%(详见表4.6)。

表4.6　建筑高度统计表

	一层	二层	三层及以上
数量/栋	462	1214	50
占地面积/m²	9514.2	48045.1	3049.5
建筑面积/m²	9514.2	96090.3	13069.9
占规划区总建筑面积比例/%	26.77	70.34	2.90

5. 建筑风貌分析

鲁史古镇整体格局保持仍较为完整，肌理明显，脉络清晰。古镇范围内的建筑风貌较为统一，与自然环境关系和谐。为充分掌握古镇内现状建筑风貌情况，更好地制定分类保护措施，因而对现状建筑风貌进行评分比较，从格局、构件、细部、空间组合、材料5个方面综合把古镇建筑风貌划分为良好、一般、差，共3个等级(详见表4.7)。

表4.7　建筑风貌统计表

等级	格局	构件	细部	空间组合	材料	占地面积/m²	占建筑面积/m²	比例/%	院落/个
良好	格局完整，保存完好(无搭建)	大量月梁、斗拱、卷杀等上面有精美雕花	较多	院落完整，U、口、两院	结构：木材 墙：木、砖、基 门窗：木	24481.5	32345.6	占地：19.08 建筑：21.27	65

续表

等级	格局	构件	细部	空间组合	材料	占地面积/m²	占建筑面积/m²	比例/%	院落/个
一般	格局部分损坏或有搭建，能辨认出原貌	仅有主要房屋局部有精美雕花	少量	简单院落，L或=	结构：木材 墙：砖 门窗：合金、木	78048.3	88259.4	占地：60.81 建筑：58.05	287
差	格局已基本破坏或搭建严重，不可辨认原貌。完全用现代材料新建	没有雕花	无	无院落	结构：砖或混凝土 墙：砖 门窗：合金	26219.5	29764.9	占地：20.43 建筑：19.58	59

(1)良好风貌：多为明清建筑，能较好地体现历史风貌，保持了原有建筑格局，并经过一定的专业维护和修缮。包括文保单位以及具有较高历史文化价值和良好风貌的历史建筑、传统民居、宗祠寺庙，共计 65 个院落，占地面积 24481.5m²，建筑面积 32345.6m²，占规划区总用地面积比例为 19.08%，占规划区总建筑面积比例为 21.27%。

(2)一般风貌：与古镇风貌协调的建筑，多指历史建筑使用少量较现代的材料加以修缮，或质量欠佳的明清建筑。共计 287 个院落，占地面积 78048.3m²，建筑面积 88259.4m²，占规划区总用地面积比例为 60.81%，占规划区总建筑面积比例为 58.05%。

(3)差风貌：与古镇风貌不协调的建筑，且多为现代建筑，但层数不高，或采用传统材料，共计 59 个院落，占地面积 26219.5m²，建筑面积 29764.9m²，占规则区总用地面积比例为 20.43%，占规划区总建筑面积比例 19.58%。

4.2.3　历史环境要素

鲁史古镇区的历史环境要素主要有：古井、古戏台、古道、石阶、古树名木、碑幢刻石、生产生活设施等，在长期保护和宣传作用下，鲁史古镇区的历史环境要素保存完好，为鲁史历史文化名镇增加了历史积淀。

4.2.4　非物质文化遗产

在长期的发展历程中，古镇区各项非物质文化得到了很好的保护与传承，鲁史各级领导在非物质文化的传承工作上加大对资金的投入力度，使得鲁史的非物质文化得到了很好的传承。

4.3　历史文化资源保护存在的问题

4.3.1　文物保护力度不够

鲁史古镇文物保护单位和历史建筑数量多，建筑年代较长，保护难度大、任务重，建筑立面、彩绘、雕刻等细部饰件毁坏严重，部分建筑结构需要修缮，人力和财力投入不足，文物保护工作亟待深入。

4.3.2　古镇保护体系不完善

古镇保护目前还未形成完整的历史文化名镇保护体系。其保护工作更多注重文保单位的保护，以“点”为主，对历史文化名镇、历史文化环境整体保护的措施略显薄弱。

4.3.3　基础、公建设施建设滞后

基础、公建设施缺项较多，较多的街巷缺少排水设施，环卫设施不足，防灾设施落后，道路交通需改善。不能满足现代化小城镇发展的需要，也与古镇开发旅游业的需求有一定差距。

4.3.4　城镇环境质量不高

古镇建筑密度较大，公共绿地较少，乱搭乱建简易房屋影响村寨景观，人畜合院影响院落的环境卫生，整治不协调的村落空间，建设优美干净的居住环境，是古镇保护的重要内容。

4.3.5　缺乏科学的规划指导，保护要求不明确

鲁史镇被评为云南省历史文化名镇之后，没有编制全面的保护规划，古镇保护停留在政策层面，保护的要求未落实到具体的范围和实体，古镇区出现了一些与传统风貌不协调的建筑，部分传统建筑搭建阳台，建筑立面镶贴瓷砖。

4.3.6　保护资金不能满足古镇修缮的需求

古镇保护修缮点多面广，政府投入资金不足。古镇旅游业发展受交通制约较大，村民以种植业为主的经济收入难以支持花费较贵的历史建筑维护修缮，又迫于改善居住条件的客观需求，古民居保护面临较大压力。

第5章　规 划 总 则

5.1　规划指导思想

5.1.1　综合规划，协调发展

在历史保护规划过程中要注意与其他规划相协调一致，使社会经济发展、历史文化保护和环境景观建设成为有机的整体。通过认真分析鲁史镇的发展过程和文化特征，在严格保护历史文化遗产的同时，又要满足古镇的社会经济发展、居民生活环境改善的需要，促使保护与建设的协调发展。

5.1.2　全面保护，完整体系

将鲁史镇整体环境保护、特色地段的历史文化环境保护与重要文物古迹、文保单位、非物质文化遗产的具体保护相结合，建立完整层级保护体系。

5.1.3　突出特色，保护文脉

继承、发掘传统文化内涵，发扬光大鲁史镇的特色，在保护中应突出其核心价值与特色。强调对历史文脉的保护，保护重在“文化之根”“生活之脉”上。

5.1.4　保护生态，自然协调

文物古迹与生态环境保护并重，注重整体自然环境的保护，自然景观与文化景观的共存共生，以丰富古镇景观。人文景观与自然景观相结合，合理组织资源，发展旅游产业。

5.1.5　有机更新，分类保护

“有机更新”理论是吴良镛教授通过对北京旧城规划建设进行长期研究发展出来的理

论，已成为我国古镇保护界的共识。“有机更新”是指古镇像细胞组织一样，是一个综合的生命有机体。从古镇到古建筑、从整体到局部，像生物体一样是有机关联和谐共处的，古镇保护必须顺应原有古镇结构，遵从其内在的秩序和规律。应采用适当规模、合适尺度，依据改造内容与要求，妥善处理目前与将来的关系。不断提高规划设计质量，综合地、有机地保护古镇各个层面的组成要素，使每一片的发展达到相对的完整性，这样集无数相对完整性之和，促进整体环境的改善，达到有机更新的目的。

对所有的文物分类评价，不是统一的标准，而是差别化、个性化保护管理。对现存的文物建筑要实行抢救性保护、修葺，并整治其周边环境。对有重大价值的历史文物，能原址复建的可原状复原，尽可能完整展现鲁史镇的历史文化精髓。

5.1.6 社会参与，各方合作

历史文化名镇的保护规划，不仅是政府行为，而且与当地居民以及社会各方面的利益息息相关。特别是在文物保护和旅游开发的过程中，当地居民、开发商、银行、社会团体以及各级政府的通力合作，对于古镇的保护和开发具有重要意义。规划的实施，应该建立在居民、政府、社会几方面合作的基础上。因此，地方政府应淡化“官本位”意识，调动居民参与意识。从而改变现在这种被动的维护状态为主动积极的维护状态，有效地引导社会各个方面参与到古镇自我改造与保护传统风貌的有机结合的过程中来。

5.2 规划依据

5.2.1 法律法规

(1)《中华人民共和国城乡规划法》(2008/1/1)；

(2)《中华人民共和国文物保护法》(2002/10/28)；

(3)《中华人民共和国非物质文化遗产法》(2011/2/25)；

(4)《中华人民共和国文物保护法实施条例》(2003/7/1)；

(5)《历史文化名城名镇名村保护条例》(2008/7/1)；

(6)《城市规划编制办法》(2006/4/1)；

(7)《城市紫线管理办法》(2004/2/1)；

(8)《历史文化名城名镇名村街区保护规划编制审批办法》(2014/10/15)；

(9)《历史文化名城保护规划规范》(GB50357—2005)；

(10)中华人民共和国国家标准《旅游资源分类、调查与评价》(GB/T 18972—2003)(2003/5/1)；

(11)《镇规划标准》(GB50188—2007)；

(12)《云南省历史文化名城名镇名村名街保护条例》(2007)。

5.2.2　县域相关规划及文件

(1)《凤庆县国民经济和社会发展第十二个五年规划》;
(2)《凤庆县山区农业综合开发特色县“十二五”发展规划》;
(3)《凤庆县旅游业“十二五”发展规划》;
(4)《凤庆县交通“十二五”发展规划》;
(5)《2006—2010 年鲁史镇政府工作报告》等。

5.2.3　上位规划

《凤庆县城总体规划(2012—2030)》。本次规划与上位规划的衔接：鲁史历史文化名镇保护是凤庆县城镇总体规划的重要内容，并纳入城镇总体规划。

5.3　规 划 期 限

近期：2015～2020 年；
远期：2021～2030 年。

5.4　规 划 范 围

镇域范围：即鲁史镇的行政区划范围，总面积 31803hm^2。

镇区范围：东侧以 25%度以下适建用地为界，南侧以山脊线为界，西侧以沿山沟箐为界，北侧以鲁史镇山脚河流为界，总面积为 683hm^2。

古镇区范围：以史称“衙门前”的四方街为中心点，东面以栅子门外茶春明户住宅往北接凤鲁公路北侧 10m，往南接金鸡公路；南沿凤鲁公路北侧外 10m；西以毕士维户住宅后洼子往北至凤鲁公路下张正元户住宅；北至金鸡公路，此范围内为保护区域，面积为 42.88hm^2。此范围与鲁史镇省级历史文化名镇申报划定的范围一致。

第6章　历史文化名镇保护目标、原则、重点与内容

6.1　古镇性质定位

省级历史文化名镇，滇西茶马古道重镇。

6.2　保 护 目 标

6.2.1　近期目标

古镇区的街巷空间、民居建筑、历史环境等要素的保护、修缮和整治初见成效，古镇环境质量和景观特色显著改善。

6.2.2　远期目标

历史文化名镇整体风貌得到有效保护，名镇传统风貌和空间形态的保护与城镇新区之间取得良好对话和融合关系，古镇保护与旅游业和谐、可持续发展，并通过近期基础设施和公共服务设施的改善，成功将鲁史历史文化名镇申报为国家级历史文化名镇，更好地保护和传承古镇历史文化资源。

6.3　保 护 原 则

6.3.1　保护历史真实性和完整性的原则

文物古迹是文化遗产的重要组成部分，它是记录历史信息的物质实物，具有很高的考古意义和历史科学文化价值，且文物古迹具有不可再生的特点，在具体规划实施过程

中最大限度保护其真实性与完整性对于开展文物古迹的保护意义重大。

6.3.2　保护历史环境的原则

任何历史遗存均与其周围的环境同时存在。失去了原有的环境，就会影响对其历史信息的正确判断和理解。对鲁史历史文化名镇的保护，不仅在于保护单个的文物古迹，也要保护古迹、历史街区周围的环境和历史氛围。

6.3.3　合理与永续利用的原则

历史文化遗产的利用不能急功近利，不能单纯追求经济利益，当前的利用方式应保证未来的可持续发展。应当综合协调历史遗产保护、居住环境改善和旅游产业发展之间的关系，使其可持续发展。

6.3.4　古镇保护与城镇建设协调发展原则

历史文化名镇既要保护、延续历史文化，也要促进改革开放与社会进步，将保护与建设利用充分结合起来。遵循古镇保护与建设规律，取其精华，去其糟粕，扬长避短，充分发挥本地优势，新老城区合理协调，使城市具有鲜明的地方特色。

6.3.5　公众参与的原则

古镇保护过程中应强调并鼓励全民参与，构建古镇保护的公众机制。充分吸纳社会各界古镇保护的意见和建议，通过吸取当地居民、专家和其他社会人士的意见和建议，建立古镇保护广泛的社会基础。

6.3.6　尊重传统，活态传承的原则

尊重村民生产生活习惯和民风民俗，活态传承村落传统文化。

6.3.7　整体保护，远近期规划和建设相衔接的原则

保护规划的实施是一个长期的过程，要根据当地的保护现状、规模，以及经济发展状况，来制定近远期的规划目标、任务及实施措施，以保证规划有计划、有步骤地实现。

6.4 保护重点

6.4.1 文化遗产茶马古道

茶马古道在鲁史留下了久远的空间记忆和文化印迹，体现于传统民居建筑、历史环境、民俗文化等方面，是鲁史古镇文化之源。

6.4.2 多元文化交融的古镇

保护鲁史古镇的整体格局、建筑遗存、传统街巷等物质文化遗存，保护汉、彝、苗等民族丰富多彩的民族文化、传承共同的文化认知。

6.4.3 山林俊秀的生态环境

保护鲁史古镇周边的古树及山林、农田景观等自然环境，构成古镇整体风貌特色的自然肌理特征。保护五道河原始森林、万亩野生古茶树群落等自然景观，形成山林俊秀的生态环境。

6.5 保护内容

(1)保护古镇内反映历史风貌的古民居、古建筑群、民俗精华、传统工艺和传统文化。

(2)保护古镇历史文化街区的空间格局和历史文化遗存，保护“上宅下店、前庙后宅、深宅大院”的传统居住格局。

(3)保护白墙、黛瓦、木色隔窗的独特建筑风格。

(4)保护街区内居民的传统生活方式和习俗。

(5)保护和延续鲁史古镇区特色街巷和古井、围墙、石阶、铺地、驳岸、古树名木及与古镇历史文化密切相关的自然地貌、河流等历史环境要素。

(6)保护鲁史古镇内 7 处文物保护单位，历史建筑和传统风貌建筑。

(7)保护茶马古道鲁史段沿途的自然风光和人文景观。

(8)保护特色鲜明与空间相互依存的非物质文化遗产以及优秀传统文化，继承和弘扬地方民族传统文化。

(9)保护镇域民族文化浓郁的传统村寨。

(10)保护镇域山林俊秀的生态环境。

第 7 章　镇域历史文化保护规划

7.1　镇域历史文化保护结构

规划从宏观和微观入手形成一个完善的保护体系，实现名镇的可持续发展。既要保护镇域范围内的历史文化资源、自然景观资源，又要保护古镇的格局与传统风貌、历史街区、文物古迹等有形的、实体性的历史自然文化遗产，还要保护继承无形的优秀文化传统。

镇域历史文化资源保护规划要紧密结合城镇空间总体布局，顺应城镇总体发展趋势，考虑保护与发展的结合、现代与传统的融合，构建地方特色文化保护区域。依据现有资源的特点和分布状况，规划镇域历史文化资源保护结构为“一廊道、一核心、三村寨、四茶林、一基质”。

一廊道：茶马古道鲁史段；

一核心：古镇核心保护区；

三村寨：金马村、塘房村、犀牛村；

四茶林：沿河村古茶树林、金鸡村古茶树林、团结村古茶树林、永发村古茶树林；

一基质：镇域的自然生态环境。

7.2　镇域历史文化保护内容和措施

7.2.1　茶马古道鲁史段

1. 保护内容

保护文化遗产茶马古道。茶马古道鲁史段南起金马村，北至黑惠江犀牛街渡口，这条古驿道是以马帮为主要交通工具的民间国际商贸通道，是中国西南民族经济文化交流的走廊。重点保护南至沿河村塘房小组、北至鲁史古镇楼梯街的 5km 路段。

2. 保护措施

保护与修缮行为必须严格按照文物保护法和文物主管部门的要求进行。禁止一切有损古驿道自身及其环境的建设活动。不允许随意改变驿道原状、面貌及环境，必需的修缮工作应在专家指导下进行，做到“不改变文物原状”的保护。古道穿越鲁史镇和新华乡，为便于更好地保护管理，建议调整行政区划，将新华乡茶马古道段划入鲁史镇管辖，由鲁史古镇统一进行茶马古驿道的管理。

7.2.2 古镇核心保护区

1. 保护内容

多元文化交融的古镇。保护鲁史古镇的整体格局、建筑遗存、传统街巷和古井、围墙、石阶、铺地、驳岸、古树名木等历史环境要素，保护汉、彝、苗等民族丰富多彩的民族文化、传承共同的文化认知。

2. 保护措施

(1)此区域中的文物古迹和历史环境要素严格按照第10章文物古迹及历史环境要素保护规划的要求实施保护。

(2)保护该区域传承的非物质文化遗产。

(3)采取在保护区地点设立保护标志、说明牌和防护设施等保护措施。

(4)禁止从事有损核心区保护、地形地貌和环境氛围的活动。

(5)保护核心区建筑安全和环境风貌完好，做好防火、防汛、防风化、防御雷电灾害等工作。

7.2.3 金马村、塘房村、犀牛村

1. 保护内容

(1)保护村寨的自然环境，包括村落周边山川、河流、农田植被。自然环境是村寨存在和发展的保证，保护村寨赖以生存的环境是村寨保护的核心内容。

(2)保护村落格局，包括保护村寨传统边界、建筑肌理、街巷肌理、公共活动空间等。

(3)保护村寨的传统建筑及构筑物，主要体现在对村寨传统民居的保护。

(4)保护村寨历史环境要素。

(5)保护村寨非物质文化。村寨的非物质文化主要指村民的各种实践、表演、知识体系、技能等。保护必须是以人为本的活态文化保护，加强保护传承人、保护使用实物、保护依托场地。

2. 保护措施

村寨保护区范围内各条街巷应保持历史上的空间尺度，路面铺装保留古道石板材质或以石板修缮。民居建筑保持原样，仅对部分构件加以修缮，以求“修旧如旧”，如实反映历史遗迹，保持建筑及其环境的历史真实性和整体性。区域内允许局部改造，加固危房和改善内部设施，包括对建筑内部和工程管网设施做必要的改造更新，但严禁一切改变建筑及其环境的行为。除必要的展示、服务设施外，原则上不再新增任何建筑物。对与传统风貌不相协调的建筑进行整治或更新。

7.2.4 沿河村古茶树林、金鸡村古茶树林、团结村古茶树林、永发村古茶树林

1. 保护内容

保护茶林生态系统。保护茶林周边的古树及山林、农田景观、奇花异草等自然环境。保护万亩野生古茶树群落等自然景观，形成山林俊秀的生态环境。

2. 保护措施

制定鲁史古镇古茶树保护管理的地方性规定，对古树进行明令保护，使古茶树林的保护有据可依。对古茶树林设立旅游解说牌和石碑。为了防止游人践踏和破坏树体，对一些游人容易接近的范围可进行围栏保护。古茶树不得随意砍伐，也不得在保护范围内修建房屋、开垦挖土，架设电线，倾倒废土、垃圾及污水等，以免改变和破坏原有的生态环境。对长势较差和存在生存隐患的古茶树，当地政府应积极采取各种有效措施，加强复壮管理。通过广播、宣传栏、宣传册等途径向全镇人民宣传古茶树林的价值和重要性，使广大人民群众了解保护古茶树对自身和文化的现实意义，努力形成全民的保护意识，造就全民热爱古树，保护生态环境的良好社会氛围。

7.2.5 镇域的自然生态环境

1. 保护内容

保护山林俊秀的生态环境。保护鲁史古镇周边的古树及山林、农田景观、奇花异草等自然环境，构成古镇整体风貌特色的自然肌理特征。保护五道河原始森林、万亩野生古茶树群落等自然景观，形成山林俊秀的生态环境。镇域内的与体现自然风景有关的要素均应属于镇域环境保护需要考虑的内容，它包括山体、树木、水域、地形、自然村落及通道等。

2. 保护措施

停止镇域一切导致生态功能退化的开发活动和其他人为破坏活动。改变粗放生产经营方式，走生态经济发展道路。各类自然资源的开发，必须依法履行生态环境影响评价手续，资源开发重点建设项目，应编报水土保持方案，否则一律不得开工建设。

第 8 章　古镇区历史文化保护规划

8.1　古镇区历史文化保护结构

8.1.1　历史文化风貌构成

空间结构是由建筑物、自然环境所构成的一种城镇肌理和外部空间关系，是一种在传统社会中人们的城镇活动方式以及对城镇空间体会、认同的表达。

鲁史镇保存完好的众多历史要素，是古镇悠久历史的积淀，也是古镇传统文化的体现。这些要素在空间结构形态上表现为节点、轴线、片区三个层次，通过这三个层次空间上的互相联系，共同构成鲁史镇传统的空间格局，因此鲁史古镇的保护应从以下三方面进行。

1. 点

历史文化景观点，包括阿鲁司官衙、鲁史戏楼、文魁阁、兴隆寺、鲁史古井、宗师华大院、骆英才大院、张家大院、甘家大院、李家大院、曾家大院、董家大院、戴家大院、川黔会馆、“俊昌号”商号、古树等文物保护单位、历史建筑、历史环境要素。

2. 轴线

历史景观、风貌带，主要指茶马古道楼梯街、上平街、下平街等“三街七巷”构成的历史文化街区，这些街道贯穿了整个古镇核心区，构成网络状古镇交通体系。

3. 片区

根据鲁史镇的布局形态将其划分为核心保护区、建设控制地带、环境协调区。

8.1.2　保护结构

根据以上内容，概括鲁史古镇区的保护结构为“三街、七巷、一广场、多节点”。
三街：茶马古道楼梯街、上平街、下平街；
七巷：曾家巷、黄家巷、董家巷、十字巷、杨家巷、骆家巷、魁阁巷；

一广场：四方街广场；

多节点：在古镇区范围内的多个文物保护单位、历史建筑及历史环境要素。

8.2　保护层次的划定

按照国家和云南省的相关法律规定，本次保护规划体系划分为历史文化名镇、历史文化街区、历史文化遗存三个保护层次。

历史文化名镇范围的确定，重点以历史镇区为基础，依据城镇总体的发展需要，以有利于用地调整，交通组织、环境整治、基础设施建设及格局风貌保护完善为原则。历史镇区的保护等级划分为三个等级，包括：核心保护区、建设控制地带、环境协调区。

历史文化街区的确定主要是为了保护保存文物特别丰富、历史建筑集中成片、能够较完整和真实地体现传统格局和历史风貌，并有一定规模的区域。鲁史古镇内的历史文化街区主要为传统的三街七巷一广场，即：四方街广场、楼梯街、上平街、下平街、十字巷、魁阁巷、杨家巷、骆家巷、董家巷、黄家巷、曾家巷。

历史文化遗存的保护主要体现为文物保护单位、历史建筑和历史环境要素等有形的历史文化遗产和无形的历史文化遗产的保护。文物保护单位和历史建筑的保护范围应考虑民居院落的财产属性，建议紫线以文物本体边界为界划定，适当扩大文物保护单位的建设控制地带，以利于文物的保护和规划建设管理的实施。

当历史文化街区的保护区与文物保护单位或保护建筑的建设控制地带出现重叠时，应服从保护区的规划控制要求；当文物保护单位或保护建筑的保护范围与历史文化街区出现重叠时，应服从文物保护单位或保护建筑的保护范围的规划控制要求。

8.3　等级分区保护规划

8.3.1　核心保护区

核心保护区是为保护古镇传统街巷和河道的历史文化风貌、保护文物古迹和历史建筑的完整性和安全性而划定实施重点保护的区域，由历史建筑物、构筑物和其所处的环境风貌组成。

1. 范围划定

核心保护区：北到古树林片区，南至凤鲁公路向北后退 10m，西到大水井，东至下平街与凤鲁公路交叉处。包括“三街七巷一广场”、文物保护单位、历史建筑群、传统风貌建筑群等街巷空间和村落建筑。主要有：四方街广场、楼梯街、上平街、下平街、十字巷、魁阁巷、杨家巷、骆家巷、董家巷、黄家巷、曾家巷、兴隆寺、古戏楼、阿鲁司官衙旧址、文魁阁、甘家大院、骆家大院、宗家大院、川黔会馆、字家大院等。这一区域能真实地反映出鲁史古镇历史文化风貌，面积约为10.41hm²。

2. 控制要求

(1)严格保护四方街及传统街巷的传统风貌，以四方街为中心开展文化展示、观光休憩等活动。古镇核心保护区范围内各条街巷如：楼梯街、上平街、下平街、十字巷、魁阁巷、杨家巷、骆家巷、董家巷、黄家巷、曾家巷等应保持历史上传统的空间尺度，传统街巷立面应保持历史样式，不得任意改动。所有街巷应采用地方特色石板铺地，四方街区域作为完整体现“滇西茶马古道第一要塞”历史聚居地村镇生活场景所在，应维持当地居民的生活状态来着重展示本土村镇居住形态的历史价值及典型地方特征。绿化树木的种植应为孤植或丛植，要避免城市化的种植方式。

(2)此区域中的甘家大院、骆家大院、宗家大院、川黔会馆、字家大院等文物保护单位，保护措施应严格按照《文物保护法》与《文物保护法实施细则》的规定执行，要求保持原样，原样修复，以求如实反映历史遗迹。

(3)核心保护范围内的历史建筑，应当保持原有的高度、体量、外观形象及色彩等，破损的建筑仅能对部分构件加以修缮，以求“修旧如旧”，如实反映历史遗迹，保持建筑及其环境的历史真实性和整体性。

(4)区域内允许局部改造，加固危房和改善内部设施，包括对建筑内部和工程管网设施做必要的改造更新，但不能改变原有建筑的结构、材料、色彩和空间组合，严禁一切改变建筑及其环境的行为。

(5)对与传统风貌不相协调的建筑进行整治或修缮，从建筑体量、屋顶和天际线、立面装饰材料、店铺的铺面、窗、围墙、门的形式和材料等方面对整治、改善及更新类建筑作出如下规定。

建筑体量：整治及修缮的建筑物层数为2层以下，檐口高度不得超过7.5m，面宽不得超过9m。

屋顶和天际线：屋顶应采用传统典型的坡屋顶形式。

立面装饰材料：不得采用现代的材料装饰墙体，墙的表面粉刷材料采用石灰，色彩控制为白、灰和红褐色，颜色和分配比例必须与传统建筑一致。

店铺的铺面：店铺的门和铺面在大小、材料和比例上必须按照传统的样式。宜采用的材料：木、普通玻璃。

窗：应按古镇传统方式制作(除从公共场所看不见的窗外)，只允许用木做窗框。

围墙：应按古镇传统方式制作，材质采用泥砖或表面抹灰的砖，禁用水泥、钢材，也不能用现代形式的瓦或砖，色彩控制为白、灰和土黄色。

门：应按古镇传统方式制作，材质强制为木头，禁用水泥、钢材等其他金属材料，也不能用现代形式的瓦或砖等，色彩控制为红褐色和黄褐色。

(6)在历史文化名镇核心保护范围内，除必要的基础设施和公共服务设施外，不得进行新建、扩建活动。新建、扩建必要的基础设施和公共服务设施的，市、县人民政府城乡规划主管部门核发建设工程规划许可证、乡村建设规划许可证前，应当征求同级文物主管部门的意见。

(7)在历史文化名镇核心保护范围内，拆除历史建筑以外的建筑物、构筑物或者其他设施的，应当经城市、县人民政府城乡规划主管部门会同同级文物主管部门批准。

(8)在历史文化名镇保护范围内进行改变园林绿地、河湖水系等自然状态的活动，影视摄制、举办大型群众性活动及其他影响传统格局、历史风貌或者历史建筑的活动，应制订保护方案，经城市、县人民政府城乡规划主管部门会同同级文物主管部门批准，并依照有关法律、法规的规定办理相关手续。

8.3.2 建设控制地带

1. 范围划定

建设控制地带：古镇核心保护区范围线以外至古镇范围界线，即东面以栅子门外茶春明户住宅往北接凤鲁公路北侧 10m，往南接金鸡公路；南沿凤鲁公路北侧外 10m；西以毕士维户住宅后洼子往北至凤鲁公路下张正元户住宅；北至金鸡公路。面积为 42.88hm^2。

2. 控制要求

(1)全面保持原有风貌，主要空间尺度保持不变；保护现有农田景观，只能作为农业用地，不得作为建设用地，不得建设塑料大棚等有碍景观的农业设施。

(2)对核心区构成不良视觉影响的现有建筑，应考虑搬迁或改建，实施土地置换和社会调控，迁往新镇区。例如鲁史完小，已搬迁至新镇区，将现状小学南部用地恢复为兴隆寺(旧址)，其用地划为文物古迹用地，减少外部环境对古镇核心区的影响。

(3)新建建筑物、构筑物，应当符合保护规划确定的建设控制要求。

(4)所有街巷应按地方传统特色形式铺地，路面要以青石板铺砌，休息凳椅、店铺、招牌、休息亭廊、货摊、照明电杆等小品要小巧、古朴、简洁；绿化树木的种植应为孤植或丛植，避免城市化的种植方式。

(5)在全面保持传统风貌的同时，要逐步改善环境质量，完善设施水平。保护好鲁史古镇的格局和建筑风貌，严禁破坏砍伐古树名木。

(6)与古镇传统风貌不相协调的建筑应对其进行整治和更新。从建筑体量、屋顶和天际线、立面装饰材料、店铺的铺面、窗、围墙、门的形式和材料等方面对加固修复和整治更新类的建筑作出如下规定：

建筑体量：整治及更新的建筑物层数为 2 层以下，建筑层数最高控制在 3 层，檐口高度不得超过 10m。

屋顶及天际线：建筑的屋顶采用传统的坡屋顶形式。

立面装饰材料：建筑的立面装饰材料应避免用现代的材料装饰墙体，强制采用石灰、木和传统的装饰材料，色彩控制为白、灰和红褐色。

店铺的铺面：店铺的门和铺面在大小、材料和比例上必须按照传统的样式，宜采用的材料：木、普通玻璃、黑色金属。

窗：窗应按古镇传统方式制作(除从公共场所看不见的窗外)，只允许用木或仿木材料做窗框，窗子的面积可比古镇核心保护区适当扩大。

围墙：应按古镇传统方式制作，材质采用泥砖或表面抹灰的砖，禁用水泥、钢材，也不能用现代的瓦或砖等，色彩控制为白、灰和土黄色。

(7)门：应按古镇传统方式制作，材质强制为木头，局部可采用瓦或砖等装饰，禁用水泥、钢材其他金属材料，色彩控制为红褐色和黄褐色。

8.3.3　环境协调区

环境协调区是为了协调镇区与周围自然及社会环境之间相容的协调关系所必须划定的保护范围，特别是自然风景的保护，镇区外围环境是城镇特征、文化形成和发展的基础，改变和脱离其原有的生存环境，城镇的历史文化价值将大大丧失。与体现自然风景有关的要素均应属于城镇外围环境保护需要考虑的内容，它包括山体、树木、水域、地形、自然村落及通道等。

1. 范围划定

环境协调区：建设控制地带界线以外，北至鲁史村委会下村北侧公路，南至云盘山山脊线，东至古镇区入口斜下沿河谷至下村北侧公路，往北至云盘山山脊线，西至香石洞岭岗往南至下村西北侧公路，往北至凤鲁公路。

2. 控制要求

在环境协调区内允许进行一定的建设活动，但是建筑风貌、体量、色彩等要与古镇保护相协调。

8.4　建筑保护与整治规划

8.4.1　建筑保护整治的原则

1. 保护原则与目标

(1)贯彻保护为主、抢救第一、合理利用、加强管理的方针，在分析历史文化遗存现状特点的基础上，实事求是地确立保护内容，注重保护具有历史和地方特色、能较好体现古镇格局和风貌的建筑。

(2)划定保护范围，做出标志说明，建立记录档案，并区别情况设置专门机构或者专人负责管理。对建筑进行分类改善与保护。

(3)文物要原址、原物、原状进行保护，重视保护其中的历史信息。在文物保护单位的保护范围内，禁止拆除、改建原有的古建筑、禁止破坏文物，不得进行其他建设工程，影响文物保护和环境景观的非文物建筑应当迁移或拆除。

(4)严格保护古镇建筑单体的建筑风貌和建筑特色，保护其周围的历史环境，使古镇范围的传统建筑风貌得到最大程度的保留和保护。在保护范围之外，要划定建设控制地带。在建设控制地带内，不得建设危及古镇安全的设施，不得修建形式、高度、体量、色彩等与古镇风貌不相协调的建筑物和构筑物。

(5)对于已有的新建建筑物，如果位于核心保护区内，且与古镇风貌相冲突的，将在近期内创造条件拆除或改造，使之与古镇风貌相协调。非核心保护区内的新建建筑，近期采取保留的方式，远期改造。

(6)不论是对现有建筑进行改造还是新建建筑时，建筑的屋顶都要做成坡屋顶的形式，以保证全镇在建筑风貌上是统一协调的，并且建筑形式、高度、色彩等应该满足古镇保护的要求。

结合现状和上述保护规划原则，通过用地调整和分区保护规划的深入分析，规划从院落、建筑平面格局；立面造型与轮廓；细部装饰与构筑方式；建筑高度、进深、开间；色彩与材料等尺度等全方位对建筑保护与整治提出五种模式，并将其落实到古镇内每栋建筑。

2. 建筑颜色控制

建筑颜色延续古镇传统色彩基调："黛瓦、白墙、木色门窗"。

主色调：建筑大面积墙面和屋顶采用相同或相近的色彩。在人的视野范围内面积最大，观看时间最长部分的颜色。主色调控制为：白色、灰色、土黄色。

辅色调：建筑的门、窗、柱、装饰线等局部小面积采用相同或相近的色彩，即在建筑中需重点加以点缀的颜色。其色彩在色相、亮度和饱满度上应与主色调相协调，并允许有所变化。辅色调控制为：原木色、红色系、深褐色。

场所色：古镇的环境色。通过铺地、绿化、街道环境、民族服饰等分别采用相同或相近的颜色，使古镇色彩和环境得以协调。场所色控制为：蓝色、绿色、亮色系。

3. 建筑整治类型

综合考虑现状建筑风貌和建筑质量的评价，把建筑分类保护和整治方式相应地分为以下五类。

(1)保护类：对已公布为文物保护单位的建筑和已登记尚未核定公布为文物保护单位的不可移动文物的建筑，要依据文物保护法进行严格保护。鲁史古镇内保护类建筑总占地面积为3290.1m^2，总建筑面积为4314.8m^2，占规划区总用地面积比例为2.68%，占规划区总建筑面积比例为3.23%(其中鲁史楼梯街、鲁史古井这两个文物保护单位的建筑面积不包括在内)。

(2)修缮类：对历史建筑和建议历史建筑，应按照《历史文化名城名镇名村保护条例》关于历史建筑的保护要求进行修缮。鲁史古镇内修缮类建筑总占地面积

15912.63m²，建筑面积17065.687m²，占规划区总用地面积比例为13.0%，占规划区总建筑面积比例为12.79%。

(3)改善类：对于传统风貌建筑，应保持和修缮外观风貌特征，特别是保护具有历史文化价值的细部构件或装饰物，其内部允许进行改善和更新，以改善居住、使用条件，适应现代的生活方式。鲁史古镇内改善类建筑总占地面积95831.0914m²，建筑面积104658.6702m²，占规划区总用地面积比例为78.31%，占规划区总建筑面积比例为78.41%。

(4)保留类：对于与保护区传统风貌协调的其他建筑，其建筑质量评定为“好”的，可以作为保留类建筑。鲁史古镇内保留类建筑总占地面积7353.2015m²，建筑面积7447.4015m²，占规划区总用地面积比例为6.01%，占规划区总建筑面积比例为5.58%。

(5)整治改造类：对那些与传统风貌不协调或质量很差的其他建筑，可以采取整治、改造等措施，使其符合历史风貌要求。鲁史古镇内整治改造类建筑总占地面积2671.5m²，建筑面积3129.6m²，占规划区总用地面积比例为2.08%，占规划区总建筑面积比例为2.06%。

4. 建筑整治规划控制具体做法(详见表8.1)

表8.1　建筑整治规划控制表

分项	细节控制要点	颜色控制
屋顶	屋顶为双坡悬山、硬山、卷棚形式，材料为筒瓦、板瓦、页岩，且色彩要求统一	灰色
屋身	木质梁柱，土坯、青砖外饰以青灰系面砖、砂浆抹灰粉白、水墨画等墙体，木格、木板、木格木板组合、局部带浮雕装饰等门窗构成	白色、土黄色
大门	院落大门以砖木、土木、木结构构成独立型或附属型。大门色彩与周边建筑应统一，门样式不应与周边建筑反差过大；商业性街巷沿街建筑不应有过多玻璃门窗。生活性街巷沿街建筑大门应按传统门式做法	原木色、红褐色、黄褐色
窗户	应采用传统木材雕花为主；窗的形式不宜过于现代化	木色、红色
墙体、围墙	围护墙应采用抗震生土墙建造技术，在保持风貌的前提下，提高房屋的抗震力度	白色、土黄色
柱子	柱子应采用传统木作结构，颜色控制为红色、黄褐色，应与门窗相协调	红褐色、黄褐色
建筑材质	木作、小青瓦、黏土瓦	木色、灰色、黄色
结构方式	五架或七架的木构架、抬梁式	—
院落形式	“=型和L型”两面围合的院落，“三房一照壁”的三合院，“四合五天井”的四合院。	—
整体格局风貌要能够体现小镇的古朴、协调、安全		

8.4.2　高度控制与视廊规划

1. 原则与目标

建筑高度控制规划是保护名镇风貌的重要措施，对保护范围内的建筑高度进行控制的目的是对保护对象周边的景观环境进行保护；对视线廊道内建筑的高度进行控制的目的是保护古镇整体上的视觉关联性，对古镇的建筑高度进行整体上的分区控制是为了保持整体尺度。具体情况遵循以下原则。

(1)正确处理保护与发展、整体与局部的关系，达到保护、利用和开发的有效统一，在不破坏古镇风貌协调性的前提下，做到改造投资最小化。

(2)保护古镇的整体风貌，结合现代生活，重塑古镇形象。

(3)强调重要景点之间的呼应关系，使标志性建筑物、构筑物的地位得到突出和强调，并真正成为古镇的空间标志。

2. 高度控制

依据古镇分区保护规划的划分将整个古镇的建筑高度控制分为核心保护区、建设控制地带和环境协调区三级。

(1)核心保护区。保持现有传统建筑高度，文物保护单位要严格保持现有建筑高度，其余传统建筑维持原高，部分与传统风貌不相协调的建筑对其进行整治及更新时建筑层数控制为1～3层，建筑高度控制为9m，建筑檐口高度小于7.5m。

(2)建设控制地带。保持现有建筑高度，部分与传统风貌不相协调的建筑对其进行整治及更新时，建筑层数控制为1～4层，建筑高度控制为12m，建筑檐口高度不得超过10.5m。

(3)环境协调区。古镇外围区域：鲁史镇新区设计建筑高度不高于24m，村落建筑层数最高控制在4层，建筑高度控制为12m，檐口高度不得超过10.5m。

农田风光保护区：应尽可能少建或者不建任何类型的人工构筑物，构筑物高度不得超过3m。

3. 视廊控制

(1)古镇应保持白墙、黛瓦、木色门窗的坡屋顶的历史原貌。

(2)新建或改建的建筑屋顶必须是坡屋顶，维持原有传统住宅的建筑屋脊高度(≤9m)。

(3)严格控制景观视廊，对所有关系视线廊道的建筑、街巷进行整治。

(4)分别以云大书院、古戏楼旁小卖部、楼梯街街口、栅子门小组20号等为视点，视线可互达，无阻碍。

(5)严格控制古镇的建筑体量、色彩、高度、连续性和整体风貌的协调性，使古镇的视野更加开阔，与环境相协调。

8.4.3 建筑间距和建筑朝向控制

建筑间距除满足日照、采光、通风、消防、卫生、环保、防灾、交通、管线埋设、建筑保护和空间环境等方面的要求外，还应符合以下规定(详见表8.2)。

表8.2　建筑间距最小距离控制表

<table>
<tr><th></th><th colspan="2">建筑大面对大面</th><th colspan="3">建筑山墙对大面</th><th colspan="2">建筑山墙对山墙</th></tr>
<tr><td rowspan="6">环境协调区建设</td><td rowspan="4">南北朝向</td><td rowspan="4">$L \geqslant SH$</td><td rowspan="2">山墙为多层</td><td>山墙在南侧</td><td>$L \geqslant 9m$</td><td rowspan="2">多层对多层</td><td rowspan="2">$L \geqslant 6m$</td></tr>
<tr><td>山墙在北侧</td><td>$L \geqslant 6m$</td></tr>
<tr><td rowspan="2">山墙为低层</td><td>山墙在南侧</td><td>$L \geqslant 6m$</td><td rowspan="2">多层对低层</td><td rowspan="2">$L \geqslant 4m$</td></tr>
<tr><td>山墙在北侧</td><td>$L \geqslant 5m$</td></tr>
<tr><td rowspan="2">东西朝向</td><td rowspan="2">$L \geqslant 0.9HH$</td><td>山墙为多层</td><td>山墙在东或西侧</td><td>$L \geqslant 7m$</td><td rowspan="2">低层对低层</td><td rowspan="2">$L \geqslant 3m$</td></tr>
<tr><td>山墙为低层</td><td>山墙在东或西侧</td><td>$L \geqslant 5m$</td></tr>
<tr><td rowspan="6">核心保护区修建</td><td rowspan="4">南北朝向</td><td rowspan="4">$L \geqslant 0.9SH$</td><td rowspan="2">山墙为多层</td><td>山墙在南侧</td><td>$L \geqslant 9m$</td><td rowspan="2">多层对多层</td><td rowspan="2">$L \geqslant 6m$</td></tr>
<tr><td>山墙在北侧</td><td>$L \geqslant 6m$</td></tr>
<tr><td rowspan="2">山墙为低层</td><td>山墙在南侧</td><td>$L \geqslant 6m$</td><td rowspan="2">多层对低层</td><td rowspan="2">$L \geqslant 4m$</td></tr>
<tr><td>山墙在北侧</td><td>$L \geqslant 5m$</td></tr>
<tr><td rowspan="2">东西朝向</td><td rowspan="2">$L \geqslant 0.85HH$</td><td>山墙为多层</td><td>山墙在东或西侧</td><td>$L \geqslant 7m$</td><td rowspan="2">低层对低层</td><td rowspan="2">$L \geqslant 3m$</td></tr>
<tr><td>山墙为低层</td><td>山墙在东或西侧</td><td>$L \geqslant 5m$</td></tr>
</table>

注：(1)L为建筑间距，SH为南侧建筑高度，HH为较高建筑高度。

(2)古镇片区改建项目，两层及两层以下建筑，退间距确有困难时，可适当放宽，但山墙与山墙的距离不得小于1.0m，其他情况不得小于3.0m。

(3)按表规定计算的建筑间距不满足消防、防灾和通道要求的，应按消防、防灾和通道的实际要求进行控制。

(4)上表引自鲁史镇区控制性详细规划。

8.5　绿地系统规划

8.5.1　绿地现状

鲁史镇区位于山脊之上，镇区周边具有极高的生态环境质量，处处青山秀绿。但在镇区建设用地范围内并没有专门的公共绿地，同时也缺乏街头绿地和居住区绿地，居民庭院内绿化较好。

8.5.2　规划目标

结合凤庆县建设国家生态园林县城的目标，到2030年，鲁史镇区绿地率达到35%，古镇区绿地率不低于25%，人均公园绿地面积达到$9m^2$。

8.5.3　绿地布局

规划采用“点、线、环、面”结合的布局手法，形成绿化体系。到2030年，镇区绿地面积为 20.48hm²，占镇区建设用地面积的 13.85%，其中，公园绿地面积为 16.51hm²。根据现状用地情况进行适当调整，把古镇区部分农林用地调整为公共绿地和防护绿地。

1. “点”状绿地规划

结合古镇闲置农田、镇区道路旁三角地块、零散地块建设公园及街头绿地进行点状绿化，延续民间庭院绿化传统，加强庭院绿化美化。

2. “线”状绿地规划

即道路绿化、滨水绿带及山城景观绿带，城镇绿带是构成城镇园林绿地系统的主要骨架，也是特色所在。在下平街大水井至云大书院处规划一处线状防护绿地；沿鲁史烟叶收购站北边的凤鲁公路规划一处线状公共绿地。

3. “环”状绿地规划

结合古镇周边枝繁叶茂、形态各异的古树和林地形成环状绿化带。在下平街北边古树林片区，沿田间路结合古树规划一处环状绿化带；兴隆寺周边结合古树分布规划一条环状绿化带。

4. “面”状绿地规划

结合古镇区周围森林植被及农田空间的保护，形成山、田、镇有机共融的城镇风貌。调整八块农林用地规划为公共绿地，分别为：杨家巷南边片区内的两块；文昌街南端一块；宗家大院南边一块；骆家巷旁三块；董家巷北端一块。调整后的用地分近远期建成街旁绿地和公园绿地。

8.5.4 树种规划

1. 选择原则

(1)适地适树：在选择树种时，树种的特性，主要是生态学特性必须与古镇的立地条件相适应，保证树种能正常生长发育、抵御自然灾害，并具有稳定的绿化景观效果。规划通过深入挖掘和开发，大力利用乡土树种，构建具有地带性特征的生物多样性格局，保持绿地景观的相对稳定和丰富的季相变化，突出地方特色，体现历史韵味，并且结合山地特征营造乡土气息。

(2)实用性：植物选择适生、少病虫害树种及可践踏地被，便于镇区日后的管理。同时注重选择可吸收有害气体和烟尘的树种，提高镇区的空气质量。

(3)多样性：综合考虑园林树木的三大功能(改善环境的生态功能、美化功能及结合生产功能)，在满足园林绿化综合功能的基础上，兼顾各绿地类型及古镇性质进行树种的选择和规划。另外，要充分考虑速生与慢生、常绿与落叶树种之间的比例关系，以及生态效益与景观效益。采取速生与慢生树种搭配，相互取长补短，既能迅速满足近期绿化和景观营造需要，又能长久稳定地维持古镇绿地景观风貌和生态平衡，做到立足长远，照顾当前。保持群落的良性循环，增加植物景观的多样性。

(4)经济性：因地制宜，结合建筑布局，注重分散与集中兼顾，方便管理，乡土树种大量布局，大树及珍贵树种点缀布置，应树立生态美学观，以绿为主、生态优先、注重综合效益的全面发挥，减少违背自然规律的绿地形式，尽可能配置稳定的植物群落，以减少对植物群落的外部能量、物质干预。在植物材料的选择上，多使用成本低、适应性强、地域特色明显的乡土树种，最终实现园林绿地综合效益的充分发挥，构建易于管护、成本低的节约型园林。

2. 树种的选择

镇区基调树种 6 种：雪松、小叶榕、云南樱花、香樟、黄葛榕、滇朴。

镇区骨干树种 10 种：重阳木、桂花、白兰、高山榕、广玉兰、石楠、云南木姜子、云南樟、冬樱花、红花木莲。

8.5.5 绿地率控制

(1)新镇区内绿地率不低于 35%，古镇区内绿地率不低于 25%。

(2)各类用地内的集中绿地设置，建设项目(除有特殊要求的项目外)临道路及主要河道，应将不小于规定绿地率 30%的绿地设置为集中绿地，其中应将不少于规定集中绿地的 50%临规划道路、河道设置，并同时满足以下要求：①集中绿地进深不小于 6m，面宽不小于 15m；临道路、河道的集中绿地进深不大于宽度的两倍，小于 150m^2 可不临路设置。②商业、学校、疗养院等公共建筑的集中绿化，可结合交通集散及景观设置。

(3)室外停车场应采用生态停车场(位)，停车场用地全部用植草砖铺地；平均每个车位栽植两株遮阴乔木；车位尺寸符合国家有关规范的规定，凡满足以上规定的，可将室外停车场的 30%用地面积计入绿地率。

8.6 新老镇区协调发展规划

8.6.1 总体思路

“保护古镇、拓展新区”——重点建设东部新镇区以及进行古镇片区的保护开发利用，促进新镇区与老镇区的协调发展。

处理好古城区与新城区的关系，利用新城区的发展疏解古城区人口及调整部分用地性质。积极调整古城用地结构，优化古城综合服务功能，古城内安排商业、公共服务设施、公用工程设施等与古城保护、旅游发展有关的片区。镇区东北方向新增产业及居民用地；加强古镇基础设施建设及环境卫生治理。依托“新家园”行动计划、廉租房建设，积极引导古镇居民疏散至新区。

8.6.2 镇区功能分区规划

(1)古镇片区。以保护为主，主要功能为居住，开发传统商贸、旅游产业。改造完善老镇区的传统商业服务，在古镇建设农家庭院式客栈，设置小型商业服务设施；可选择一部分保护建筑(含文物保护单位院落)，融入旅游文化展览、民居接待服务等功能。重点是随城镇的建设发展，逐步整治改造古镇，发展休闲体验式旅游。完善古镇生活片区基础设施及加强环境卫生整治，以达到改善古镇居民生活环境的目的；引导居民向新镇区集中，积极引导古镇居民向新区迁移。

(2)东部新镇区。以金融商贸、产业仓储、生态居住等功能为主的城镇综合发展片区。完善东部新镇区建设，引导城镇向东发展，加快推进新区小学、廉租房、烟站、核桃加工厂等设施的建设，尽快形成鲁史镇东部新镇区组团，缓解古镇区居住拥挤压力，小学搬迁至新镇区，将现状小学南部用地恢复为兴隆寺(旧址)，其用地划为文物古迹用地，减少外部环境对古镇核心区的影响。在新镇区结合学校及居住用地打造集休闲购物、餐饮、文化娱乐为一体的新镇商业金融服务中心。

(3)公共服务片区。以行政办公、文化娱乐为主的城镇功能片区，在古镇片区及新区结合部建设镇区综合服务中心，兼顾新、老城区。

(4)镇西生态居住区。依山就势建设的生态居住片区，同时兼顾旅游接待功能。使镇区形成多个功能片区，促进协调发展。

(5)结合镇区原有的道路网格局和镇区未来的发展方向，梳理对外交通与古镇道路交通线路，规划延长新街道路，形成新镇区的干路，加强新镇区与老镇区的联系。另结合地形，规划适量纵向支路，加强镇区干路与县级公路的联系。

第9章　古镇区基础设施提升规划

9.1　人口发展规划

9.1.1　现状人口情况

鲁史古镇区现状人口共计421户，共1937人。

9.1.2　人口预测

本次预测采用综合增长法对鲁史古镇区规划末期人口进行预测。

综合增长法预测公式见下式：

$$P_n = P_o(1 + r + r')^n \tag{9.1}$$

式中，

P_n——预测目标年末的人口规模；

P_o——预测基准年人口规模；

r——自然增长率；

r'——机械增长率；

n——预测年限。

其中，人口自然增长率的确定主要依据两个方面因素：省及州、县各级计划生育部门的要求；人口增长的历史惯性。根据《鲁史镇总体规划(2011－2030)》将鲁史古镇区的人口自然增长率确定为至规划期末2030年取6‰，人口机械增长主要为外来务工经商人员，故鲁史古镇区的机械增长至规划期末2030年取38‰。

通过式(9.1)计算，鲁史古镇区远期人口预测至规划期末2030年，规划预测人口为3695人。

9.2　道路交通规划

9.2.1　道路交通系统

古镇区分为核心保护区与建设控制地带。

其中核心保护区的道路规划应当主要按照原有道路的肌理，即“三街七巷”的传统街巷模式，结合古镇传统风貌与给排水设施的规划建设，依照现有路面布置，对楼梯街、上平街、下平街三条主要历史景观街道进行修缮，铺设石板；对一些泥泞破旧的小巷道进行块石铺筑；对核心保护区内台阶缺失的街、巷，应根据原有台阶铺装的材料及方式铺砌补齐。核心保护区内的各条街巷不允许因为商业开发而任意改建，新建建筑要特别注意控制体量和尺度，在细节的整理与缝合中要注意维护历史界面的丰富性与连续性，规划保留街道曲折和多变的线形，保护街巷中的古树、小广场等节点，保持其整体景观风貌特色。

另外，根据总规对整个镇区的道路交通规划，有凤鲁公路等三条道路经过古镇区的建设控制地带，担任着古镇区对外联系的任务。

9.2.2　交通方式

核心保护区：目前除“上平街”与“下平街”能通过机动车辆外，其他街巷只能以步行为主。规划将来古镇区内交通以步行为主要方式，通过各级步行道建立联系各个功能区的道路交通系统，“上平街”与“下平街”只能允许特殊机动车辆通过，避免社会机动车辆对传统街道的破坏。同时对有条件的街道考虑引进电动游览车等相关的交通工具。

建设控制地带：凤鲁公路等三条道路以机动车辆通行为主要方式，非机动车、步行皆可。

9.2.3　交通设施

1. 客运站

现状客运站用地已能满足城镇发展的需求，继续沿用现有客运站；结合人流集聚区及对外交通设置城乡公交停靠点。

2. 停车场地

结合整个镇区的规划路网形态以及远景发展，按 0.5km 的服务半径规划设置 5 个社会停车场，其中古镇区周边设置 3 个，占地规模 6400m^2，满足游客接待和当地民众需要。

9.2.4 道路分级

1. 核心保护区

核心保护区道路为整个镇区道路规划中的步行交通体系，主要可分为三级：主路、次路和宅前路。道路规划应当按照原有道路的肌理，依照其现有路面布置进行修缮，色彩的选择应当尽量与传统风貌契合。

1)主路

主路主要为现有的“三街”，红线宽度不等，楼梯街红线宽度为 2～4m，上、下平街红线宽度为 4～5m，以保证消防。其中“楼梯街”为台阶路，所以只能步行通过。“三街”材质应选用石质材料铺装路面，中间铺条石，两侧铺块石。主路采用步行系统，只有消防车辆、管理车辆等特殊机动车辆进入古镇核心区。

2)次路

次路主要为老街的原有“七巷”，宽度 2～3m 不等，规划通过整体保留、局部维护整修的方式，保护古村落原有街巷的历史风貌。利用新建筑和破损废弃建筑拆除新建的巷道也要注重在宽度、选材上与原有巷道保持高度一致。

3)宅前路

宅前路的规划应当将现状有条件的房前屋后道路进行进一步整合，构成居住用地当中的环路。

2. 建设控制地带

建设控制地带的道路从属于整个镇区道路交通系统的规划中，所以建设控制地带的道路规划原则、等级划分服从总规。

布局原则：镇区道路交通规划依山就势，采用“之”字形设计，减少土方量与施工难度。

干路：是连接片区的交通性干道，主要是从古镇区北面往东到诗礼的这条干路，它也是承担分区内的主要交通道路，道路红线宽度为 16m。

支路：是进出街坊、居住区和承担短距离交通的主要道路，主要包括凤鲁公路和经过古镇区北面过境长度约为 750m 的这条支路，宽度为 6～10m。

9.3 标 识 系 统

9.3.1 标识系统分类

依据标识系统指引类型的不同，规划将标识系统分为：定位系统、交通指示系统、特殊指示系统、文明提示系统和户外商业广告进行规划。

(1)定位系统：包括路名、路牌、路标，建筑物名称、门牌号、公司名牌店牌等。

(2)交通指示系统：包括交通警示、提示系统、红绿灯、斑马线、停车泊位指示系统等。

(3)特殊指示系统：包括公园标识、重要公建标识、文物标识、残疾人行走通道、公厕位置等。

(4)文明提示系统：包括文明准则宣示系统、政府告示、城市介绍、文明设施等。

(5)户外商业广告：包括商业广告、公益广告等。

9.3.2　标识系统规划

各类标识系统分别从标识系统的色彩、风格、尺寸以及位置等方面必须进行协调统一。就鲁史镇而言，具体标识系统规划如下。

(1)规范古镇的路名、路牌、路标，建筑物名称、门牌号、公司名牌店牌等定位标示系统。

(2)设置清晰、明确的交通指示系统。

(3)特殊指示系统主要在主干路两侧标注鲁史古镇、五道河原始森林、澜沧江库区等公园、风景区标识；在文物紫线范围内和途经道路两侧标注出楼梯街、兴隆寺、文魁阁、大水井、阿鲁司官衙、古戏楼、骆家大院、甘家大院、宗家大院、川黔会馆、字家大院、文昌宫、戴家大院、张家大院、董家大院和曾家大院等文保单位、历史建筑标识。

(4)文明提示系统分为两级。一级文明提示系统是以镇区干路为依托，提示人们需要遵守的行为规范、政府公告、政务信息等内容。二级文明提示系统为街区级文明提示，主要是就街区居民的行为规范、街区信息等内容进行标识。

(5)户外广告的设置位置和形式应与建筑物外立面、城镇景观密切相关。户外广告应符合城乡规划要求，与建筑和周围环境和谐统一，兼顾白天美化、夜间亮化的视觉效果，并满足安全要求。不得设置独立的户外商业广告；不得将户外商业广告设置在建筑物外轮廓之外；户外商业广告的面积不得大于建筑物立面的20%；文物保护单位、风景名胜点、优秀近现代建筑、纪念性建筑、标志性建筑及其控制地带不得设置；城镇广场范围内，公共绿地、道路绿地，河道保护线范围内不得设置；道路(含广场)交叉口自切点起30m范围内不得设置；坡屋顶建筑的顶部不得设置；危房及其他可能危及安全的建筑和设施不得设置；镇政府规定不得设置的其他区域不得设置。

9.4　给排水规划

9.4.1　给水工程规划

古镇区基本实现自来水进户，局部管道布置于排水沟中，影响了核心区的传统风貌景观和用水卫生安全。

1. 用水量预测

生活用水量：古镇区村民人均用水量近期取 0.15m^3/(人·d)，远期取 0.20m^3/(人·d)，鲁史古镇区设计远期日用水量 Q=739m^3/d。

消防用水量：发生火灾按同一时间内仅发生一次火灾考虑，一次灭火水量取 10L/s，火灾延续时间为 2h，消防用水量为 72m^3。此部分水量作为常备水量储存在水池中，不作为日常水量考虑。

综上所述，古镇区的最高日用水总量约为 811m^3/d。

2. 给水设施规划

因为近期镇区已经在西南部新建了 1500m^3/d 水厂一座，水源取自五道河、纸厂河、洗麻塘水库，这也是古镇区的供水水源，也可作为消防水池。远期则扩建为日供水量 3300m^3/d，所以该给水设施已经能够满足古镇区发展的需求，不需要单独建设给水设施。

给水管沿着古镇区道路以枝状网布置的方式进行铺设，以保证用水的安全性。在管网的规划设计中，按远期每天最高用水量的时间计算管径。推荐用高密度聚乙烯材料作为给水管，供水主管管径不小于 DN300。

9.4.2 排水工程规划

1. 排水现状

现状排水体制为雨、污合流制，多以明沟或暗沟的方式排水，部分生活粪便污水无化粪池处理直接排放。

存在的问题：①部分排水沟渠过水断面较小，不能满足排水过流要求，排水不成系统。采用明渠排放易淤积、阻塞等，致使排水不畅。②部分道路无排水设施，雨水、污水沿街乱流，雨季造成道路泥泞，旱季脏乱突出，影响集镇环境。

2. 雨水系统

雨水系统采用就近排放的方式，充分利用现状沟渠进行雨水排放，对部分现状沟渠进行整改、拉直和疏通。同时根据道路建设、改建情况，与道路建设一起逐步改造。使用排水管道的部分推荐采用高密度聚乙烯中空缠绕排水管。古镇雨水排放到附近低地、水沟，提供农田灌溉水源，最终再进入山谷河流，形成水循环利用系统。

3. 污水系统

1)污水量预测

根据国家相关标准如《镇规划标准》(GB 50188—2007)及《室外排水设计规范》

(GB 50014—2006)进行排污量的预测，生活污水量可按生活用水量的75％~85％进行计算，本规划近期及远期均按80％统计。

由此可得，整个古镇区近期日污水量最高约为444m^3/d；远期约为592m^3/d。

2)污水管网

管道顺应道路及地形自然坡度，尽量用最短的管线，较小的埋深，把最大排水面积上的污水送至规划污水处理厂。污水管网采用正交式布置的方式，分片区对污水进行收集，将污水收集后排入规划污水处理厂。排水管道推荐采用塑料排水管道。

3)污水处理措施

结合鲁史现有地形分析，古镇区内的污水很难使用重力自流方式排放，再加上红线外镇区内已经设置了3座集中式生态污水处理设施，古镇区污水可以直接排放到就近的位于本规划红线外西北角的污水处理厂(规模近期为900m^3/d，远期则增加到2500m^3/d)，并配置卫生防护带进行隔离。保证能够解决古镇区污水处理。

9.5 电力工程规划

9.5.1 电力工程现状

古镇区电力来源于镇域内现有的一座35kV的变电站，变电容量为1600kVA，10kV回路6条。古镇区已实现户户通电，但存在线路搭接点多，负荷大，易产生冲击电流，影响供电的可靠性、稳定性。

9.5.2 电力工程规划

规划将原有的35kV变电站扩容为20MVA+31.5MVA，供电电压为10kV。

9.5.3 电力线缆规划

电力线缆近期可暂时保留架空敷设，但是重要的历史和景观地区应采用地埋敷设；远期都应改为地埋敷设。因为路宽所限，管线采用穿管敷设。

9.6 电信工程规划

古镇区内电信及有线电视线路均采用穿Φ110PVC保护管暗埋敷设，有线电视电缆可与通信电缆同沟敷设，弱电线路应设于电力线路对侧。考虑到非话数据通信、有线电视及其他通信业务的要求，在由市话容量确定的管孔数基础上再增加40％~50％。

弱电缆管均布置在道路人行道下，埋深不小于 0.4m，过街缆管改穿钢管暗敷，埋深不小于 0.8m。

9.7 环保、环卫设施规划

9.7.1 存在的主要问题

(1)环卫设施建设资金不足，硬件设施跟不上，布局不够合理，设施标准较低。

(2)无垃圾中转站，垃圾收集转运困难。

(3)垃圾没有达到无害化处理要求。

9.7.2 规划的指导思想

(1)生活垃圾的处理坚持无害化、减量化、资源化的原则，进行综合处理。

(2)生活垃圾的收运逐步朝着容器化、标准化、系列化方向发展，逐步提高环卫工作机械化水平。

(3)以方便使用、防止污染、美化环境、保护人民健康为原则，合理布局各种环卫设施，充分利用现有条件，改造现有简陋设施。

9.7.3 规划目标

(1)生活垃圾的容器化收集率达 100%。

(2)粪便逐步纳入污水处理系统。

(3)垃圾、粪便的无害化处理率达到 100%。

(4)公共厕所数量、分布符合国家规范，水冲化率达 100%。

9.7.4 环卫规划

(1)镇区规划中在东北侧设置一个垃圾填埋厂，古镇区的垃圾运送到此，做到日产日清；废弃物及建筑垃圾等由环卫队伍统一清除。

(2)生活垃圾收集方式采用由收集点直接到处理场或垃圾收集点到转运站再到处理场。

(3)古镇区依托镇区统一增设的环卫站及其配备的环卫人力，来负责镇区和景区环境卫生，至 2015 年环卫职工按镇区人口 0.3%配备；至 2030 年环卫职工按城市人口 0.4%配备。

(4)建筑垃圾运入环境卫生管理部门设置的建筑垃圾储运(堆置)场消纳、处理。

(5)有毒有害垃圾采取就地固化封存处理或进行无害化处理。

(6)生活污水直接进入污水管网，经污水处理场处理后达标排放。

(7)垃圾收集方式采用袋装、垃圾屋收集，沿路垃圾箱按交通干道 60m，一般道路、街巷按 90m 间隔设置，按此布置距离，约有 32 个果皮箱。

(8)公共厕所原有 1 座，现另外规划 5 座。其中原来位于骆家巷拐角处的将进行拆除重建，另外 5 座为新建，分别建于楼梯街入口大青树旁、下平街大水井东侧、古镇入口处、西面的黄土坡自然村，东北面自然村人口集中处，公厕产生的粪便排入下水道系统和污水一并处理。

9.8　防灾减灾规划

9.8.1　规划目标

根据《中华人民共和国消防法》规定：消防工作贯彻预防为主，防消结合的方针，坚持专业机关和群众相结合的原则，实行防火安全责任制。确定本次规划方针为："预防为主，防消结合，综合减灾"。

9.8.2　存在的问题

(1)古镇区由于道路狭窄，建筑密集，居住人口多，在发生灾害时，人群不宜疏散，也不利于救灾队伍进入，抗震救灾工作难以及时进行。

(2)古镇区大部分传统居民建筑年代久远，多为木质结构，防火和抗震设防等级不足，存在安全隐患。

(3)古镇是人群高度聚集的地方，遇到危险时易于发生群死群伤的恶性事故，再加上防灾设施不完善，难以辐射全部区域。

9.8.3　防震规划

1. 设防标准

建设工程抗震设防类别严格执行国家规范《建筑抗震设防分类标准》(GB 50223—2008)，按地震基本烈度 8 度设防，重大项目及生命线工程应根据地震安全性评价结果确定设防标准。新建工程抗震设防必须按《建筑抗震设计规范》(GB 50011—2010)的要求以及地方地震部门意见进行抗震设防。对现有建筑按照"量力而行，区别对待；确保重点，逐步实施"原则进行抗震鉴定，实施抗震加固。

2. 防震指挥中心

在行政中心内设立指挥中心，负责制订地震应急方案，在收到临震预报时，负责向全镇发布命令，统一指挥人员疏散、物质转移和救灾组织。

3. 避震疏散通道

规划主要道路，包括以交通性干道、生活性干道作为主要的疏散通道，一些连接疏散场地的次干道为次要疏散通道，使民居在灾害发生时能安全、便捷地疏散。

4. 疏散场地

将中心公园、广场、运动场、学校操场、河滨绿带及附近农田作为避震疏散场地。在规划中合理组织疏散通道，使避震疏散场地服务半径小于500m，并保证每人$1m^2$的避震疏散用地。

5. 生命线系统及建筑物设防

规划生命线系统，包括以政府机关、供水、供电、通信、交通、医疗、救护、消防站等作为重点设防部门。要求生命线系统的工程按各自抗震要求施工，并制定出应急方案，保证地震时能正常运行或及时修复且必须进行地震危险性评价。

6. 次生灾害的防护

次生灾害的防护是抗震工程的一个重要方面，对于次生灾害的预防，应在消防安全上作重点保护，完善其消防设施，加强消防管理，并在其周围采取防护和隔离措施；严禁新建易燃易爆危险物品的工厂、仓库和设施；新建工程要进行严格的抗震设防，现有的工程应进行抗震鉴定和加固等，这些都是预防次生灾害发生的具体措施。

7. 地震防护及管理

政府必须高度重视防震工作，做好抗震规划。在相关部门的协调下，建立起完善的管理系统和抗震设施，减少灾害影响。

8. 具体措施

(1)抗震规划以预防为主，立足于按基本烈度，重要工程要高于基本烈度设防，做到有备无患，以平震结合为主。

(2)建筑物必须按抗震烈度8度设防，并符合国家和当地规范，主要疏散通道两侧建筑应按要求退后，高层建筑必须设置一定面积的广场或停车场。

(3)规划主要道路，如凤鲁公路作为主要的疏散通道，一些连接疏散场地的次干道如“三街”为次要疏散通道，使居民在灾害发生时能安全、便捷地疏散。

(4)将四方街、中学操场等空旷地，主要是公园、广场、运动场、学校操场、河滨绿带及附近农田作为避震疏散场地。使其场地服务半径应小于500m，并保证每人$1m^2$的避震疏散用地。

(5)改造陈旧电网电力设施、电信设施和地下管线，完善生命线工程设施，完善医疗卫生、消防中队合理布局，扩大易燃易爆危险品仓库的安全距离。

(6)安排对规划区范围内的行政办公建筑、学校建筑、民居建筑、交通系统、供电、供水、供气系统、通信系统、消防系统、医疗系统、仓储系统等进行抗震鉴定工作，对不符合抗震要求的应采取加固、改造措施，以减少不必要次生灾害的发生。

(7)对古镇区内的文物保护单位进行全面的鉴定，并结合利用和保护，分批进行抗震加固工作，对于已经加固的文保单位，今后主要是加强研究工作，使加固工作更为可靠和深入。文管部门对重要文物古迹的供电系统进行经常性的检查，避免电器火灾，在设计上考虑必要的保安系统，防止震灾漏电起火。

9.8.4 防洪规划

1. 设防标准

根据《防洪标准》(GB 50201-94)，防洪标准［重现期(年)］为50年。古镇区地形整体为由南到北的坡地，所以核心区为南高北低，应该特别注重排水系统的畅通，同时完善街巷的排水系统并且切实做好场地内的排水规划，及时输导雨季的山洪，排洪沟力求顺直，就近排入水体，避免因为排水不畅而导致文物价值较高的古建筑受损。

2. 防洪设施

(1)以治理流域水土流失为核心，以基本农田建设为基础，进行全流域的水土保持生态环境建设。

(2)重点区域重点防设。

(3)进一步加强流域水土保持工作。

(4)居民点应设置排洪沟，及时输导雨季的山洪，排洪沟力求顺直，就近排入水体。

(5)做好洪水可能引发的滑坡、泥石流等次生灾害的防治。鲁史村洼子田小组区域是鲁史镇重点监测的大型滑坡地质灾害多发地带，要采用削坡减灾、抗滑支挡、排水护坡及生物工程相结合的综合治理措施，通过清方、设置挡土墙、拦渣坝、截水沟等方式进行综合防治，减少灾害的发生。

9.8.5 消防规划

1. 消防标准及规范

消防应严格执行《中华人民共和国消防法》(第十一届全国人民代表大会常务委员会第五次会议于2008年10月28日修订通过，自2009年5月1日起施行)的相关法律依据。

2. 古镇区火灾的特点

1)耐火等级低，火灾荷载大

古镇区的建筑基本为木结构的建筑，中梁、柱、楼板、屋顶大多属于可燃物，一旦失火，结构构件很快失去支撑能力，导致建筑物垮塌、烧毁。特别是目前许多民居仍然使用木材为主要燃料，库房、院落贮藏着大量的劈柴、树枝，而且由于当地的气候原因，季节性的气候干燥，更是增加了建筑物的火灾危险性。

2)建筑布局不利于火灾控制

古镇区的建筑群在布局上大都采用均衡对称的方式，单体建筑组成院落，大型建筑群又以庭院为单位再按对称原则分布组合成封闭的空间，一旦发生火灾，这是整个建筑群全部烧光的病根所在。

3)起火原因复杂

古建筑火灾原因一般为用火不当，或是烟头、纸屑引起火灾，还有电器失火等。古镇区建筑的电器设施都是后期添置的，由于种种原因，往往使得各种线路及灯具都直接暴露在外，电线直接敷设在木结构表面上的情况屡见不鲜，不断增加的家用电器使线路负荷增大，加上年久失修，线路老化，很可能引起过载、发热，甚至引燃与其毗邻的可燃物。

4)疏散与消防扑救困难

古镇区建筑密集区有些通道狭窄，一旦失火疏散人流拥堵，易造成重大伤亡，又由于古镇区远离县城，集中分布于县城的消防力量对古镇区的消防救灾工作鞭长莫及。并且，古镇区主要是步行为主的街巷(“三街七巷”仅有“上平街”与“下平街”能勉强通过机动车)，消防车根本无法完全进入，不能完全接近火源及时扑救。

3. 古镇区防火对策

(1)提高古建筑的耐火能力。对于木结构建筑(文物保护单位、历史建筑)，可采用涂刷防火涂料的方法提高其耐火能力。如果破旧的古建需要修复，为保护外部风貌，可以仅对承重构件、楼梯采用非燃烧材料，钢结构代替木结构，再在外观上做旧，使建筑达到一、二级耐火等级。

(2)加强用电管理，消除电气火灾隐患。古镇区建筑由于年代久远，其照明等设施往往是后期添建，多数是明设，容易电线老化，应及时检查，清除老旧电线带来的隐患，室内电力线路包扎绝缘套管，室外变压器远离传统建筑设置。古镇内所涉的炉、灶、烟囱等要按照安全规定设置。电气线路、配电板、灯具、电器设备安装，要遵守《消防安全规定》和《农村低压电力技术规程》(DL/T499—2001)、《农村低压电气安全工作规程》(DL477—2001)、《农村安全用电规程》(DL493—2001)标准，严禁私拉乱接和违规使用。

(3)定期对建筑屋架和木构件进行检查，具体检查项目详见表9.1。

表 9.1 传统民居建筑检查项目表

项目	检查项目	检查内容	鉴定防火标准
屋架	椽条	拉结情况	椽条应有防止下滑的措施，有无防火涂料或防火材料
	檩条	锚固情况	应有防外滚和檩端脱榫的措施，有无防火涂料或防火材料
	屋架	构件之间连接情况	应有可靠的榫接或铁件锚固，需有防火涂料或防火材料
	瓦件	系固情况	应有可靠的系固措施，需有防火涂料或防火材料
	支撑	纵向支撑	两个端跨设置纵向支撑，需有防火涂料或防火材料
木构件	屋盖	屋架、檩、椽等受力构件	没有明显的变形、歪扭、腐朽、蚁蚀和严重开裂等

(4)设置防火隔离带。为防止外部失火殃及古建筑，应在古建筑外围修建防火隔离带，去除杂草、灌木、并经常清除枯叶树枝等可燃物。

(5)加强消防安全教育。在镇内普及消防安全知识，定期进行居民消防意识教育与消防知识培训，需要按户配置消防器材(灭火器)等灵活有效的灭火装置。使镇区居民正确掌握防火、灭火、避火要领。

(6)信息收集与预警。结合镇区实际情况，充分利用网络平台，拓展消防、安全隐患信息搜集渠道，将消防信息工作置于基础性、先导性的位置，构建覆盖全镇区的消防安全预警网络，根据已经发生的事件、事故和掌握的信息，对有可能发生的某类事件、事故进行预报、告诫，做好预防准备工作，提高防御火灾能力，最大限度地减少火灾事故发生。

(7)文物保护单位、历史建筑等重点建筑物与构筑物，要重点看护、保护，设置必要的探测、报警系统，及早发现和扑灭初期火灾。

(8)划分防火分区。

古镇消防安全布局方面存在的最大问题是缺乏有效的防火隔离，因此在火灾发生的时候无法有效控制火灾的蔓延。规划参照《建筑防火设计规范》，远期将规划区划分为若干个防火分区，如图 9.1 所示，防火分区由若干栋建筑组成，每个组团的总建筑面积参照规范要求进行控制。

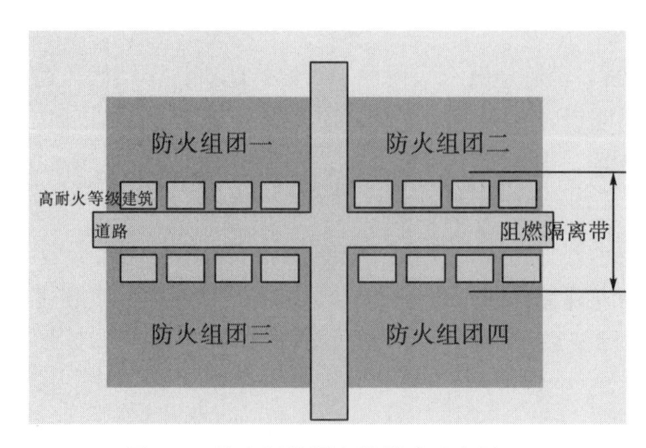

图 9.1 防火阻燃隔离带做法示意图

防火分区之间设置阻燃隔离带，隔离带由道路、开敞空间、高耐火等级建筑组成。位于组团边界的建筑应提高耐火等级，形成有效的防火隔离，控制火灾蔓延速度。

阻燃建筑的做法可根据建筑质量的实际情况可采用更换阻燃新材料、包覆防火材料、防火喷漆等多种措施，通过优化达到既提高耐火等级，又“修旧如旧”的效果。

根据古镇区的街巷格局，将古镇区分为15个控制单元，设置消防控制室，利用安防系统进行火灾监控，当工作人员发现火情时，可做好应急处理，以减少损失。

(9)鲁史古镇大量的历史文化遗存和优秀古建筑是鲁史技艺的见证，丰富的文化资源和生态环境让这个古镇极具特色，再加上古镇区大多数建筑都为传统的木构架形式，亟待保护，当地政府应加大古镇建筑的保护力度，尽快编制古镇消防专项规划。

4. 完善灭火设施

由于受限于古镇区的街道特殊性及风貌保护，进入消防车、设置消防栓这些有效快速的灭火方法目前还不能实施，古镇区灭火设施建设按以下路径实施。

1)近期

除按户配置消防器材(灭火器)外，鼓励居民建设生活水池，既满足日常生活使用，也能在火灾发生时自救，消除火灾隐患。

建立消防应急站，可配置手台机动泵，推车式灭火器等适用性的器材装备。

引进使用于古镇窄小街巷的小型消防车或消防摩托车，弥补大型消防车无法进入的不足。

2)中远期

建设专用的消防供水管道，干管DN400，支管DN300，按规范设置消火栓42个。

可结合古镇区景观设计，利用喷水池、养鱼池等水景作为消防水源。

9.8.6　防灾避难场所规划

结合古镇区调整的八块农林用地规划的公共绿地，可以兼具防灾避难的功能，这八块公共绿地分别为：杨家巷南边片区内的两块；文昌街南端一块；宗家大院南边一块；骆家巷旁三块；董家巷北端一块。其中骆家巷北边的面积较大的一块公共绿地作为固定避难场所，其余七块作为临时避难场所。

9.9 古镇区主要技术经济指标和投资估算

9.9.1 主要技术经济指标(详见表 9.2)

表 9.2 主要经济指标一览表

项目	数值	计量单位	备注
规划总用地面积	418293.37	m^2	约 627.44 亩
总建筑面积	152045.62	m^2	—
建筑占地面积	128334.29	m^2	—
建筑密度	30.68	%	—
容积率	0.36	—	—

9.9.2 投资估算(详见表 9.3)

表 9.3 投资估算一览表

序号	项目	数量/长度	规模/m^2	参考单价	造价/万元
1	停车场	3 个	6400	175 元/m^2	112
2	电力电信	—	—	—	50
3	古镇区道路广场建设及修复	—	18150	65 元/m^2	117.98
4	排水管网	4900m	—	60 元/m	29.4
5	给水管网	3000m	—	175 元/m	52.5
6	果皮箱	32 个	—	400 元/个	1.28
7	灭火器	按户分发	—	50 元/个	2.11
8	公共厕所	5 座	—	—	50
9	古镇区绿化	—	69125	120 元/m^2	829.5
合计		—	—	—	1224.77
10	不可预见费用(5%)	—	—	—	30
总造价		—	—	—	1274.77

最终投资估算为 1274.77 万元(准确的工程造价以今后的设计预算为准)。

第10章　文物古迹及历史环境要素保护规划

10.1　文物保护单位

10.1.1　文物保护单位的保护层次划分及保护要求

文物保护单位的保护一般设置保护范围及建设控制地带两个层次。对有重要价值或对环境要求十分严格的文物保护单位，可加划环境协调区为第三个层次的保护范围。各个层次的具体范围应根据文物保护单位类别、规模、内容以及周围环境的历史和现实情况划定。

保护范围：包括以文物保护单位本体及周围一定安全范围，其内部的保护与修缮行为必须严格按照文物保护法和文物主管部门的要求进行，禁止一切有损文物自身及其环境的建设活动。不允许随意改变文物原状、面貌及环境，必需的修缮工作应在专家指导下进行，做到“不改变文物原状”的保护。对于该保护范围内有影响文物风貌的建筑物、构筑物坚决予以拆除。在旅游旺季应控制游客流量，使环境容量保持在合理幅度以内，以免造成资源破坏。制定具体而有效的防火措施，确保文物资源的绝对安全。

建设控制地带：为保护文物保护单位的安全、环境、历史风貌，在文物保护单位的保护范围之外应划定一定区域并对区域内的建筑项目加以限制。根据文物保护单位的类型和特点分别划定该区域，用以进一步保护和控制文物的存在环境，避免破坏性建设。该区域内建筑物和构筑物的高度、形式、色彩和体量要明确控制(高度一般控制在两层不超过7m)，用地性质要严格监督和管理，对于现状不符合文物保护要求的建筑和用地，原则上要逐步调整改造。适当增加该区域内的公共绿地和开敞空间，以利于文物的观赏。

环境协调区：环境协调区的划定主要强调文物的整体性保护，即将其置于更大的范围当中统一考虑，对其周围环境的尺度和风貌提出控制要求，并留出必要的公共空间和视线通廊。

10.1.2　文物保护单位保护规划

鲁史历史文化名镇范围内现有各级文物保护单位共计7处，其中国家级文物保护单位1处，市级文物保护单位1处，共涉及7个点，市级文物保护单位3处，县级文物保护单位 3 处(见表 10.1)。规划严格按照《中华人民共和国文物保护法》进行保护。

表 10.1　文物保护单位保护规划一览表

序号	名称	级别	建议保护范围	建议建设控制地带
1	茶马古道鲁史段	国家级	南至沿河村塘房小组，北至鲁史古镇楼梯街，东西两侧外延 20m 为保护区(红线)	保护区四周外延 50m 为控制区(紫线)
2	骆家大院	国家级	西以楼梯街石板路面边界为界，东、南、北面以保护围墙为界(红线)	自保护范围四周向外扩展 10m 为界。如果与另一保护单位保护范围重合，则以另一保护单位的保护边界为本文物保护单位的建设控制地带边界(紫线)
3	阿鲁司官衙	国家级	西以四方街广场为界，东、南、北面以保护围墙为界(红线)	以保护范围四周外延 10m 为界。西、北两侧如果与另一保护单位的保护范围重合，则以另一保护单位的保护范围为本保护单位的建设控制地带(紫线)
4	鲁史戏楼	国家级	南面以四方街广场为界，北至上平街边界、东、西外延 10m 为界(红线)	自保护范围四周外延 10m 为界，如果与另一保护单位的保护范围重合，则以另一保护单位的保护范围为本保护单位的建设控制地带(紫线)
5	鲁史文魁阁	国家级	西、南两面以围墙为界，东、北两面以堡坎为界(红线)	自保护范围四周外延 10m 为界(紫线)
6	兴隆寺大殿	国家级	以建筑围墙外延 5m 为界(红线)	自保护范围四周外延 20m 为界(紫线)
7	犀牛太平寺旧址	国家级	东、南、西、北四个方向各以保护围墙为界(红线)	自保护范围四周外延 20m 为界(紫线)
8	塘房古村落	国家级	建议以村落范围线为界(红线)	建议保护区四周外延 5m 为控制区(紫线)
9	宗师华大院	市级	东、南、西、北四侧以现有围墙为界(红线)	以保护范围边界线向外扩展 10m，如果建设控制地带与另一文保单位的保护范围重合，则以另一文保单位保护范围边界线为本文保单位的建设控制地带边界线(紫线)
10	鲁史李家大院	市级	东、南、西、北四侧以现有围墙为界(红线)	自文保单位保护边界线向外扩展 10m，如果与另一文保单位保护范围重合，则以另一文保单位的保护边界为本文保单位的建设控制地带(紫线)

续表

序号	名称	级别	建议保护范围	建议建设控制地带
11	鲁史甘家大院	市级	东、南、西、北四侧以现有围墙为界(红线)	自文保单位保护边界线向外扩展 10m(紫线)
12	鲁史古井	县级	西以保护主体为界，东、南、北三侧外延 3m(红线)	自文保单位保护边界线向外扩展 10m，如果与另一文保单位保护范围重合，则以另一文保单位的保护边界为本文保单位的建设控制地带边界(紫线)
13	鲁史张家大院	县级	东、南、西、北四侧以现有围墙为界(红线)	自文保单位保护边界线向外扩展 10m，如果与另一文保单位保护范围重合，则以另一文保单位的保护边界为本文保单位的建设控制地带(紫线)
14	吴广林烈士纪念碑	县级	以纪念碑地基为界(红线)	以保护范围外延 10m 为界(紫线)
合计：文物保护单位共计 7 处，其中国家级 1 处，涉及序号 2~8 共 7 个点，市级 3 处，县级 3 处。				

以上文物具体内容详见附表 1 鲁史古镇列入文物保护单位的文物古迹一览表。

10.2　历 史 建 筑

历史建筑的保护、利用及管理严格按照《历史文化名城名镇名村保护条例》和《城市紫线管理办法》的相关条款进行。

根据 2008 年公布实施的《历史文化名城名镇名村保护条例》，历史建筑是指“经城市、县人民政府确定公布的具有一定保护价值，能够反映历史风貌和地方特色，未公布为文物保护单位，也为登记为不可移动文物的建筑物、构筑物”。

历史建筑保护要求如下。

(1)严格保护现存的历史信息与原物质载体。有依据地恢复被改动的部分，增加必要的安全保护设施。本着最低干预的原则，适度改善基础设施。

(2)不得改变建筑的外部造型、饰面材料和色彩，要最大限度地保存原有的建筑形制、建筑结构、建筑材质及原有的工艺技术[53]。

(3)不得改变承重墙、主要隔墙位置和层高，最大可能地保存内部的主体结构、平面布局和重要装饰[53]。

(4)不得进行非加固性结构改动。原则上不得改变原结构，如确需加固，应遵循可逆性原则和可识别性原则。添加结构加固构件仅限于排危需要。

(5)不得改变或损毁建筑室内外具有历史文化价值的原附属物(如装饰物、家具、假山、绿化等)。对于暂不确定是否具有历史价值、文化价值或个体特色的，应先予以保留，待确认后再作处理。

(6)在风貌区内，进行新建、扩建、改建工程的项目，必须在高度、体量、立面、材料、色彩等方面与历史建筑相协调，不得影响历史建筑的使用或者破坏历史建筑的空间环境[53]。

(7)市、县人民政府应当对历史建筑设置保护标志，建立历史建筑档案。任何单位或者个人不得损坏或者擅自迁移、拆除历史建筑。

(8)历史建筑的保护应当遵循统一规划、依法管理、有效保护、合理利用的原则，要科学编制保护规划，合理划定保护范围，提出具体保护措施和利用要求，并报城市、县人民政府城乡规划主管部门会同同级文物主管部门批准，作为依法保护、利用和管理的依据。

(9)历史建筑的建筑立面、平面布局、院落、牌坊、树木等不得破坏，其改建、扩建在高度、体量、风格、材料、色彩等方面应当与原有建筑相协调。

(10)历史建筑应当原址保护。因公共利益需要无法实施原址保护，必须拆除或者迁移的，应当经市、县城乡规划行政主管部门会同同级文物行政主管部门审核后，报省有关行政主管部门批准。历史建筑拆除、迁移、重建或者修缮前，建设单位应当委托有关单位对历史建筑进行测绘，并将测绘资料移交市、县房产行政主管部门保存。

(11)历史建筑经鉴定为危房需要翻建的，所有人、使用人和管理人应当按照原地、原高度、原外观的要求编制建设方案后，向市、县城乡规划行政主管部门提出书面申请。需利用地下空间的，应当与原历史建筑风貌保持一致。

(12)历史建筑应当保持原有的外观形象，依原状维修改善，历史建筑不得设置户外广告，设置店招、标志等设施的，应当符合保护规划要求，与环境、景观相协调，不得破坏建筑本体。鼓励对历史建筑的积极利用，室内可以按现代生活的要求进行改建，增加必要的设施。对历史建筑进行外部修缮装饰、添加设施以及改变历史建筑的结构或者使用性质的，应当经城市、县人民政府城乡规划主管部门会同同级文物主管部门批准，并依照有关法律、法规的规定办理相关手续。

10.3 传统风貌建筑

传统风貌建筑是传统营造工艺与传统文化习俗的结合体。尤其是传统民居，体现了一种最适应环境的居住方式，是村民智慧的结晶。其用材反映了周边环境条件，其结构与外观反映了对气候的适应，其布局反映了家庭观念与居住习俗。

鲁史古镇的传统风貌建筑是鲁史地域文化的重要组成部分，传统风貌建筑是古镇先民们经过上千年创造并汲取各族优秀建筑文化智慧的结晶。

由于社会发展的影响，传统风貌建筑面临来自主体生活需要的转变和旅游开发等的双重压力，保存下来的传统风貌建筑也大多存在木结构老化、墙体斜塌、屋面破损、院落混杂、门窗等小木构件破损缺失，居住密度过大，建筑及周边环境杂乱等共同问题。针对以上这些具体问题，本次规划提出的具体保护要求如下。

(1)木结构老化：加固木结构，木结构老化、梁柱檩椽枋等结构构件霉变腐朽，应及时更换，鼓励使用旧料替换，若条件有限，使用新木料时应采用传统工艺和样式，注意与原有构件融为一体。

(2)墙体斜塌：加固墙体，建筑外墙或围墙倾斜、坍塌，应使用传统工艺和材料加固或重新砌筑。

(3)屋面破损：修葺屋面，对于破损瓦材，鼓励使用旧料更换，若条件有限，新换瓦材应注意与原有屋面协调。

(4)院落杂乱：清理庭院，拆除院落内部临时加建的部分，清理院落内部堆放的杂物，恢复内院界面的完整性，恢复院落原有格局；鼓励使用地方材料如石材堆砌院落，注意院落排水系统的畅通。

(5)门窗残损：更换门窗，对于已破损的门窗构件应予以更换，鼓励使用旧料替换，如条件有限，新做的门窗应采用传统材料和式样，注意与历史建筑相协调。对于在维修过程中已经使用新式门窗的建筑，估计重新更换。

(6)门楼破损：修理门楼，对于门楼破损的建筑应予以加固和修缮。

(7)外墙开裂、剥落：粉刷外墙，对于墙体开裂、剥落的建筑应予以重新粉刷。

(8)环境杂乱：整治环境，主要指建筑内部以及周边的场地整理。具体包括清理牲畜房、杂物间等辅助用房，还要注意人畜分离；用地方材料对道路、院落进行铺设和硬化，在建筑内部及周边种植花木，美化环境。

(9)居住密度过大：减少住户，对于居住密度过大的建筑，鼓励疏散部分居民，重新安置，减轻对历史建筑的影响和破坏。

(10)危房、简屋：整改拆除，对于一些年久失修的危房和一些牲畜圈、杂物间等简屋，由于这类建筑对名镇的整体风貌影响较大，应对其进行整改或拆除。

10.4　历史环境要素

历史环境要素反映了村落的历史风貌特性、村落构成要素，是村落的重要历史印记。《历史文化名城名镇名村保护规划编制要求》中对于历史环境要素的定义为：反映历史风貌的古塔、古井、牌坊、戏台、围墙、石阶、铺地、驳岸、古树名木等。在鲁史古镇中，历史环境要素主要有：古井、古戏台、古道石阶、古树名木、碑幢刻石、生产生活设施等。

10.4.1　古井保护规划

1. 保护对象

保护鲁史古镇内至今仍作为村民生活水源的三口古井：鲁史古井、曹子昌家门前的小水井和陈文兴家门前的字家水井。

2. 保护措施

(1)整治古井周边环境，清除杂草以及堆放物，恢复古井原貌。县级文物保护单位鲁史古井要立碑保护。

(2)在不改变原状和完整性的前提下，以古井原来的材质，修缮古井破损的构件。风貌破损较大的小水井，应按原有风貌进行修缮。

(3)改善和保护水井水质，清除井内垃圾及淤泥，修缮井底、内壁；加设滤水层，保护水井的水质。禁止向古井内和古井周边区域抛弃杂物，建设排水沟，疏导地表径流，防止污水流入古井。

(4)还原古井的使用功能，在古井边增设打水设施，以井水的使用推动古井的保护。

(5)古井是历史的见证，应该加大保护古井的宣传力度，让保护水源、水井深入人心。

10.4.2 古戏台保护规划

1. 保护对象

保护位于四方街广场北侧的市级文物保护单位古戏台。戏台坐北朝南，土木结构，阁楼式一楼一底歇山青瓦顶，占地面积 113.22m^2，建筑面积 226.44m^2，它是鲁史古镇文化发展历史的见证。

2. 保护措施

(1)保护古戏台周边的环境，根据文物保护单位中建设控制地带要求对戏台周边的建筑高度、建筑风貌进行控制，同时进行立碑保护。

(2)在不改变原状和完整性的前提下对古戏台进行修缮，鼓励使用旧料替换，若条件有限，使用新木料时应采用传统工艺和样式，注意与原有构件融为一体。

10.4.3 古道、石阶保护规划

1. 保护对象

保护古镇内具有历史印记的古老道路。重点保护三街七巷，特别保护楼梯街上那一段烙满马蹄印的青石板道。

2. 保护措施

(1)加强古道保护的宣传，引导村民参与旅游业，使古道保护成为村民的自觉行为。

(2)对古道、石阶进行保护性修复，在保持古道结构的前提下，疏通古道两侧排水沟，清除石阶上的杂草。风貌缺失路段恢复石阶路基，重新铺设石板恢复原貌。

(3)保护古道、石阶的环境，禁止各种有损古道形象的行为，杜绝垃圾乱扔、堆放的现象。

10.4.4　古树名木保护规划

1. 保护对象

保护鲁史古镇的32棵古树和镇域古树名木，保护古树周边生态环境。

2. 保护措施

1)完善资源档案，实行动态监测

定期开展古树生存现状的普查工作，建立完整的档案。并用现代化管理手段将全部古树的生长情况等级造册，建立动态管理档案。

2)制定相关的保护规定及文件

依据国家有关法律制定古树名木的保护性规定和相关文件，制定鲁史古镇古树保护管理的地方性规定，使古树和名木的保护有据可依。

3)增加古树保护的资金投入

利用多渠道、多途径筹措资金，并设立古树保护基金，做到专款专用。

4)把古树的保护和利用有机地结合起来

在保护古树的同时，也要把其资源充分、合理的开发利用起来。对树形独特、具有历史意义和传奇故事的古树进行旅游景点的开发，突显古老悠久的历史底蕴。

5)保护原有生态环境

古树名木不得随便移栽，严禁在古树保护范围内修建房屋、开垦挖土，架设电线，倾倒废土、垃圾及污水等，以免改变和破坏原有的生态环境。为了防止游人践踏和破坏树体，对一些游人容易接近的范围可进行围栏保护。

6)加强复壮管理

从生理生态、营养管理、病虫害防治等方面提出综合复壮措施。对长势较差的古树，存在生存隐患的古树，当地政府应积极采取各种有效措施，设立支架，加强复壮管理。对目前生长不良的古树，组织专家进行综合诊断，及时采取急救措施，防止死亡现象的发生。同时，相关部门需要积极关注古树名木的复壮技术发展，为鲁史古镇的古树复壮管护提供技术支撑。

7)培育后备资源

在保护好现有古树名木的同时，积极开展古树名木后备资源的普查和培育工作，按三级古树保护的标准实施古树后备资源的日常管理，使古树资源可持续发展。

8)加大宣传力度，提高保护意识

平时利用报刊、电视等媒体向社会宣传古树保护管理的重大意义，提升群众的保护意识，营造全民热爱古树，保护生态环境的良好社会氛围。

以上古树名木内容详见附表2鲁史古镇古树名木登记表。

10.4.5 碑幢刻石保护规划

1. 保护对象

保护古镇内记录历史印记的石碑、刻石，如位于楼梯街街口与凤鲁高速相连的徐霞客碑等。

2. 保护措施

(1)“碑”是文字刻石最完整的形式。它除了拥有极高的艺术价值之外，还具有重要的社会价值和历史意义，因此在规划过程中一定要注意保护碑首、碑身、碑座这三个组成部分。

(2)禁止在石碑刻石上乱涂乱画，禁止各种形式的遮盖石碑刻石等不文明行为。

(3)政府应该加大宣传力度，强调保护历史遗存的重要性。

10.4.6 生产生活设施保护规划

1. 保护对象

保护在长期生产生活中传承的许多传统生活生产设施，如供桌、石板蓄水池、模印、石磨、手纺车、犁耙、蓑衣、石臼、木臼、筲箕、篾框、背篓等。

2. 保护措施

(1)延续传统生产生活设施的使用，呈现活态的保护传承。

(2)现代较少使用的生产生活设施，应收集、整理保存完好器具，设立专门的机构进行保存，也可以建立民俗博物馆，对保存完好的生产生活设施进行展示，并设置解说牌，保护传承鲁史的风俗民情。

第 11 章　非物质文化保护规划

11.1　指 导 思 想

(1)以“保护为主、抢救第一、合理利用、传承发展”为指导方针[54]。

(2)以“政府主导、社会参与、明确职责、形成合力、长远规划、分步实施、点面结合、讲求实效”为工作原则[55]。

11.2　保 护 内 容

11.2.1　传统饮食文化

鲁史古镇是中原文化向边远地域渗透的必经之地，特色小吃很多，小吃有川味的麻辣、广味的香甜。其毛豆腐、油鸡枞及酱油最为出名。平日里，古镇人家一日三餐，主食为大米。而逢年过节或生嫁娶，就要烹调制作由红豆、黄肉、酥肉、鸡肉、排骨、蛋包圆子和凉肚、夹心肉等组成的传统八大碗。

酱豆腐：鲁史的酱豆腐远近闻名。由酸浆水点白豆腐切成一厘米见方的团，在阳光下曝晒而成。清香源自没有污染的本地自产的黄豆和香料。

豆浆油条：用当地产的麦子加一点泡打粉油炸而成的油条香脆可口。

酱油：据说鲁史酱油与古镇一样已经有 700 多年的历史了。目前，鲁史酱油申请了商标，提升了酱油的层次，加强了质量管理。

粑粑卷：用豌豆粉加香料做成比纸还薄的锅粑，一张一张用青菜叶包起来，再用本地优质大米做出手巴掌大的饵块，备下小米辣、花椒粉、大蒜油、味精等香料，滩涂均匀包裹起来，吃起来又香又麻又辣，味道非常好[56]。

酱豆果：由当地自产的优质黄豆发酵而成，鲜灵粉红色泽的外观秀色可餐，吃起来酸甜适中。

火腿：鲜猪腿圈起来，喷以少量的酒，用食盐揉搓，然后放入能滤水的缸或盆里，顶部盖严，过半月后，取出重压一段时间，待水渍尽量排除，压薄再挂起来风干，至少需过一年才算成熟。上乘的火腿外表要长绿霉，切开肉质呈樱桃红色。

泡肝：将鲜肝完好取出，用少许白酒和辣椒、胡椒、草果面、酱油等香料，从肝管内吹入肝体，待肝膨大后，用细线扎住肝管，不让出气，挂起来风干，三四个月即可食用。食用时可将泡肝凉拌，一片火腿与一片凉肝夹在一起食用，别有滋味。

香肠：采用猪的小肠、内壁翻出洗净，切成两尺多长一节，取精瘦肉兼少量肥肉切条，加香料和少许的红色料拌匀，灌入小肠，折叠起来风干。

豆豉：豆豉分水豆豉和干豆豉两种，水豆豉食用不必再下油锅煎，干豆豉食用时需油煎。

卤豆腐：卤豆腐具有皮层红润，心酥黄、清香麻辣的特色。

毛豆腐(臭豆腐)：鲁史制作毛豆腐历史悠久，特点是色泽黄白，毛质均匀，腐熟透心，油炸则松脆，水煮则清嫩，烘烤其味独特。

油鸡枞：境内山区，每年夏末秋初，很多地方都生长鸡枞，每年上市数十斤，多时上百斤。鸡枞除鲜蒸、煮、炒吃外，制成油鸡枞，可长期保存，鸡枞味道鲜美，是佐餐待客的山珍佳肴。油鸡枞的加工方法：先将鸡枞用瓜叶或综丝洗净，撕城小块，晾干水分，然后用香油炸，待鸡枞炸至半熟，加切成条状的青辣椒，以文火慢慢地炸脆，即成油鸡枞，可储存一年多不变质。

11.2.2 民俗文化

民俗文化，是指民间民众的风俗生活文化的统称。也泛指一个国家、民族、地区中集居的民众所创造、共享、传承的风俗生活习惯。民俗文化是在普通人民群众(相对于官方)的生产生活过程中所形成的一系列物质的、精神的文化现象，它具有普遍性、传承性和变异性。鲁史古镇人民在长期的生活生产实践中，创造出了许多属于自己的传统文化。

1. 茶文化

(1)彝族的边地茶：彝族的茶饮，首推“百抖茶”。在鲁史及其周边村寨，无论是普通农家，还是殷实的大户，都会备有地方上烧制的土茶罐，这种茶罐小巧、轻便，其形状为窄底、大肚、细劲、阔口、单耳、尖嘴，是居家及当年马哥外出的必备之物。百抖茶的炮制，边烧新取的活水，边将茶罐放在火炭上烤热，然后取茶叶放入茶罐，边烤边抖，直至茶叶均匀烤黄，紧接着将烧开的水倒入茶罐内，待响声停止、泡沫落定，即可倒入茶杯饮用。泡茶讲究的是“一盅苦、二盅涩、三盅才敬客”，这种茶制作简便，闻起来清香四溢，喝起来沁人心脾，是上可登大雅之堂、下可及普通人群的佳饮。

(2)苗族茶文化：苗族茶道与汉族、彝族茶道略有不同，但在待客习俗方面基本相似，讨亲嫁娶、新居落成、老人驾鹤西去都用“三道茶”。其不同点有三个方面：一是配料不同，汉族、彝族三道茶头道为纯姜汤，二道为纯茶水，三道为糖水；苗族三道茶头道为金竹叶煮姜汤，二道为蜂蜜加糖水，三道为纯茶水。二是接待方式不同，汉族、彝族看三道茶无须更多礼节，客人落座后有相帮直接端送给客人，而苗族看茶在讨亲嫁娶场面上客人须唱借板凳调和喝茶调；三是饮茶理念不同。汉族、彝族先苦后甜，而苗族则先甜后苦，他们认为：人来世上先甜后苦，未成年人在父母亲的呵护下过着如糖似蜜的生活，成年后离开父母亲得自己苦挣苦吃。

2. 歌舞文化

(1)特色浓郁的彝族山歌：彝族的“歌”又叫“民歌”，当地叫“山歌”“调子”。是彝族人民文化生活的一个部分，也是交流思想、谈情说爱的工具。山歌的内容十分广泛，歌词即兴创作，取材广泛，时事政策、人生哲理、天文地理、人情世故、农事农谚，无所不及，古今一体，风格独具。对歌是一种即情创作，一问一答，随机应变。也有男女各结成一伙对歌的。时间有长有短，有时一场歌可以通宵达旦。

(2)粗犷的打歌：彝族的“舞”，又叫“打歌”，分喜事和忧事两种，据《凤庆民族民间舞蹈》记载，它有七十二种跳法，喜事指讨亲嫁娶、节日庙会、竖房子、收谷打米等；忧事指丧葬。“打歌”时一般用芦笙、笛子、三弦、响蔑等乐器伴奏。伴奏者为“歌头”，排在打个长龙的排头，一边跳一边伴奏，其他人紧随其后，有的还边跳边唱边打歌调。打歌调有独唱和对唱两种，都是即兴创作，内容广泛。

(3)苗族歌舞：苗族的民间歌舞也十分丰富多彩，歌有情歌对唱，也有打歌时边打边唱的。《中国民间歌曲集成、云南卷初稿汇编．临沧部分》收录的凤庆苗族传统民歌就达51首之多。民间舞蹈比较突出的有两大类，一类是自娱性的舞蹈，即在婚嫁等喜事时跳的；一类是祭祀性的舞蹈，在“做斋”时跳的。苗族也称为“打歌”，“打歌”时都用芦笙伴奏，吹芦笙的技艺一般都通过师傅口传身带。

3. 节庆文化

(1)隆重的火把节：农历六月二十四日，村村寨寨都要祭祀五谷神，祈求来年五谷丰登。其祭祀活动，俗称打青苗，要宰一头猪上祭，由各农户支垫一定的粮食和资金，俗称“善存”，由村上要办事而钱不足的借去使用，今年借明年还，不抬息。火把节过得较为隆重，除了祭祀祖先以外，还要祭庙、祭各种神，晚饭以后要撒火把，各家各户都要撒，要人与人、户与户、村寨与村寨之间对撒。田地间还要立一把大火把，以诱杀害虫。

(2)朝花山：每年初一至初五，苗族男人要着黑布包头、镶有各种图案的绣花衣衫和对襟褂子，腰上系黑色或白色腰带，腰后彩色飘带，用三角彩色围腰系住往上揣，围腰上系有响铃和各种珠子为饰。女人则要用二丈黑布在蔑圈上绕成圆形包头，外有一圈绣花围边，上饰贝壳及一串串各种颜色的小珠子，上身着对襟花领上衣和褂子，衣袖绣有各种图案，下装有各种图案的大、小围裙，白腰带，小腿裹黑布绑腿。然后集中到初一山上进行吹芦笙、打歌、对调、丢铃铛、赛弩等，其主要内容为年轻人的社交活动。

(3)做斋：做斋是苗族祭奠亲人亡灵和祈福的重大仪式及活动，由一家或一族人发起，一般要两天两夜的时间。做斋时，需请“总理”二人，“先生”二人，厨师二人，做饭二人，抱柴挑水二人，芦笙主吹手二人。当天晚上为“起场”，“先生”吹芦笙、敲牛皮鼓则为“做斋”开始。第一天，亲戚朋友走到一起，杀羊上祭。上祭分“明上”“暗上”两种：兄弟姊妹则明上，摆祭品于亡灵之前供献；其他人则暗上，一般送一两块钱、一两斤酒或几斤粮食，交与主人。对送礼者，要请吃饭，喝“沃托罗酒”(用大麦、青稞、荞子等酿成，为苗家自制的水酒，特为贵客和重大活动准备，做斋时一般在第二天的活动高潮时喝)。

(4)大尖山庙会：农历三月二十八日，在大尖山朝山。附近村寨的善男信女，到大尖山朝山赶街。巍峨的大尖山东狱庙前的山梁上，可容纳千人的一片半坡，摆满了各种饮食、烟酒、糖果小百货摊点，还有卖茶水的。朝山的妇女老少穿梭于摊点之间，寺庙里传出做法事的诵经声、钟鼓声和赶庙会喧哗的人声汇在一起，相隔数华里就可听到。

11.2.3 民间传说

民间传说是非物质文化遗产的重要组成部分，说到传说，盘踞半坡的鲁史古镇，可谓人杰地灵，文官武将层出不穷，仅就载入史册的人物而言，就有户部尚书龚彝，“护国之神”赵又新，民间文人毛健。

(1)龚彝的传说：龚彝，祖籍山东，其先祖于明洪武初，迁徙进滇后世居石佛地。天启四年(1624年)，考中举人，天启五年考中进士，崇祯年间，官任南京兵部员外郎，后升兵部郎中。其少年时苦读的佳话一直流传到今天，成为当地人教育儿女的活教材，青年时的龚彝觉得在村子里读书环境不好，索性每天带了饭团过黑惠江，来到茶房寺静读，至今茶房寺仍在，由于龚彝的努力，考取了进士。据说龚彝的夫人是个知书达理的贤淑女士，除了写点诗歌，还能作些对联，年关的时候，石佛地每家每户的门楣之上，都有龚彝夫人的手笔，只是美人兮已逝，香草兮不馥[57]。

(2)毛健的传说：毛健别号蜢璞山人，清末文生。毛健世居鲁史犀牛蜢璞灵岩，自幼聪明过人，饱读诗书，出口成章，有顺郡才子之誉。虽才智过人，但他不入仕途，终生在犀牛设馆办学，授徒无数，为地方的文明进步产生了重要影响。毛健一生楹联诗作颇丰，单在鲁史及其周边地区口头传诵的就很多，顺宁杨香池选其诗编辑成《蜢山人遗诗选刊》一卷留世。

(3)赵又新的传说：赵又新军长祖籍鲁史街，留日归国，辛亥光复屡建战功，南北统一后升任清国军第二军长往川，衣锦还乡，悼念先辈，重修祖墓。将墓碑修成圆捅式外券内亭，高3m，雕有狮、象、龙、凤的两座高大碑墓。云南省都督唐继尧为墓碑题词：追认五等文虎勋章陆军中将衔赵公荣华之墓。两侧则刻着“中华民国”大总统黎元洪赠衔。

11.2.4 传统技艺

传统技艺是一门烙着民族印记的技艺，它有着悠久的文化历史背景，需要经过一定的深入研究学习才能掌握。然而在鲁史古镇，大多数传统技艺随处可见。鲁史到现在依然保留着农耕，依然有山地、田野、炊烟，有传统的手工技艺，私人的手工业小作坊，如：榨油、建筑工艺、擀面、酿酒、熬酱油、做酱豆腐这些工艺在古镇随处可见。

(1)榨油：鲁史榨油业兴起于清乾隆年间，榨油原料为核桃、油菜籽，榨油房多设在河边。主要生产工具有水碓、木榨、石锤、甑子等。生产程序为用水冲动水碓，把原料舂碎，然后用甑子蒸热，倒入垫有草把的油箍内，制成一圆油饼，再放入木榨中，一榨放油饼 20 个左右，榨内加木楔用石锤压紧，把油从油饼内挤出来，每榨可出油 40 多市斤。

(2)建筑工艺：鲁史的能人相当多，木匠的技艺也十分高超，现在大多数施工人员都得看图纸进行施工，然而在鲁史，这些木匠是不需要看图施工的，直接上手，想要什么花样就出什么花样，门窗桌椅都别有特色，这就是真正的纯手工作品。

(3)酱豆腐：黄豆磨成粉后用水浸泡四五个小时，然后用纱笼滤浆，滤出的豆渣用来喂牲口，滤出的豆浆放在大铁锅里用文火慢慢熬煮，用木棍不停搅拌，以防焦煳和沾锅底，当豆浆开始缓缓冒出气泡开始沸腾时，就成了我们平常喝的豆浆。豆浆稍冷后入卤水，倒入特制的木格里即成豆腐。由酸浆水点白豆腐切成一厘米见方的团，在阳光下曝晒而成。清香源自没有污染的本地自产的黄豆和香料，制作的酱豆腐远近闻名。

(4)熬酱油：鲁史酱油集江浙、川广的制作技术于一体，主要原料为黄豆，占 80%，还有部分蚕豆，制作分下酱和熬酱油两个阶段。下酱要在立冬前后，将原料炒黄、粉碎煮烂，取出摊晾，待降到适当温度时拌入少量酒曲捏成团，放入箩内发酵，然后洗净外皮，切片晒干。到了冬至日，由于冬至的水温度最低、最洁净，就可以把酱放入呈有冬至水的酱缸中，加盐，经过多次晒露、搅拌，历时 1 年才能使酱成熟，变成黄褐色的膏状。再把酱膏用清水过滤，过滤出来的汁放入锅内煮，待水分挥发到一定程度时，加入草果、八角、辣椒、茴香籽和炒黄的糯米，先用高火，后用低火，等到汁液有一定浓度，香味飘散时就成了[58]。鲁史酱油还有一个特点是保存时间长，可达 1 年，不变味、不生霉。

非物质文化遗产项目和传承人内容详见：附表 3 鲁史非物质文化传承人一览表、附表 4 鲁史古镇非物质文化遗产各级保护名录一览表。

11.3 保护措施

为推动鲁史古镇非物质文化遗产保护工作的深入开展，通过借鉴以往国内外研究经验，结合国家及地方各级相关保护措施，在细致分析古镇实际情况的基础上，采取以下六项保护措施。

(1)开展普查，用现代化手段真实、系统、全面地记录非物质文化遗产，建立档案和数据库。

(2)建立科学有效的非物质文化遗产传承机制，探索动态整体性保护方式。

(3)发挥政府主导作用，建立协调有效的保护工作领导机制、专家咨询机制和检查监督制度。

(4)不断加大非物质文化遗产保护工作的经费投入，大力培养专门人才。

(5)将非物质文化遗产保护工作纳入地方国民经济和社会发展整体规划，强化保护机制。

(6)加强传承人保护，建立保护传承人的工作机制，给予工作经费和生活补贴。

11.4 保护项目

11.4.1 民俗文化博物馆

博物馆是历史和空间的浓缩。博物馆作为展示中华文明的窗口，在建设、推动当代中国先进文化的进程中，正发挥着越来越重要的作用。而民俗文化博物馆作为文化遗产事业的主要承载平台之一，其功能首先具有文化遗产事业的贡献是教育、科研、经济功能，并且在功能发挥上表现出自己的个性，民俗文化博物馆的社会效益和经济效益是统一的、互动的。在不破坏阿鲁司官衙原有建筑格局的基础上，在阿鲁司官衙旧址内设置民俗文化博物馆。充分利用阿鲁司官衙旧址，让参观的人群身临其境地体验到历史古韵的氛围。项目建设投资总额 436 万元，项目建设年限为 2015 年至 2020 年。建成后，将填补鲁史古镇没有民俗文化博物馆的空白。通过博物馆宣传古镇鲁史，推动江北地区历史文化，进一步推动鲁史民俗文化、旅游休闲、观光服务等相关产业的发展；同时强化古镇民俗文化遗产的保护，增强全民的民俗文化遗产保护意识，继承和弘扬地方民族的优秀文化传统。古镇博物馆的建设，构筑起鲁史古镇多方位的历史文化遗产展示体系，进一步丰富和完善历史文化名镇保护体系。

11.4.2 综合文化站项目

规划在鲁史镇营盘新街延伸开发区建设综合文化站项目，项目用地面积 1500m^2，建筑面积 600m^2。项目建设投资总额 260 万元，国家补助 100 万元，省级补助 100 万元，地方筹资 60 万元。项目建设年限为 2013 年底至 2014 年底。综合文化站内设非物质文化传承馆、展览厅、培训厅、排练厅、图书阅览室、棋类室、多功能活动厅等。外设露天舞台，集篮球、网球、排球、羽毛球、乒乓球于一体的活动场所。配套消防、通风、通信、安全监控、信息网络等辅助工程和供水、供电、排水等公共设施。为非物质文化遗产保护、精神文化活动提供场所。满足人民群众日益增长的精神文化需求，全面推进鲁史文化事业稳步发展，走向文化大繁荣的美好进程。

第12章　生态环境保护规划

12.1　生态环境现状

12.1.1　镇域环境现状

鲁史镇境内山高林密、沟壑纵横，属低纬高原中区热带季风气候，素有“一山分四季，十里不同天”之说，立体气候明显。特殊的气候造就了境内生态环境多样性和生物群落组合复杂性。全县森林面积达30多万亩，森林覆盖率达66.88%，其中国家公益林面积有8万多亩，省级公益林面积有9000多亩，商品林面积10万多亩，自然保护林面积有11.1万亩。森林植被整体上保存完好，生物多样性水平较高，生态环境良好。各项环境指标均能基本达到国家环境质量标准的要求。

鲁史镇河流及水库废水主要来源于生活污水与畜禽养殖污水。生活污水与部分畜禽养殖污水排向黑惠江、澜沧江及支流，造成地表水水质下降。此外，因不合理施用化肥农药造成一定程度的农村面源污染，水体富营养化，不合理耕作造成一定程度的水土流失。农村生活垃圾乱堆乱倒造成一定程度的农村居住环境脏、乱、差现象。

随着镇区经济的发展，人口的增多，人民生活水平和生活质量的提高，废水排放量将逐年增多，不及时采取措施预防和治理这些污染源，将可能对鲁史镇地表水与地下水造成潜在的污染威胁。

12.1.2　鲁史古镇环境现状

鲁史古镇位于云岭山脉澜沧江左山系青木山支脉尼山上坡位。地形高差较大，形成了天然的山体景观和空间层次。古镇布局因地制宜，顺应山势，人居环境与自然环境融为一体。由于历史原因，五道河河谷地带已开垦为稻田，尼山下坡及中上坡位已辟为旱地，种植烤烟、核桃、茶叶等经济作物。古镇周围面山植被为20世纪80年代飞播造林形成的云南松和华山松人工林，面山植被植物种类单一，景观单调。目前，古镇范围内没有对大气、水质、噪声及固体废弃物等污染的指标进行控制监测，无固定的垃圾处理点(两污工程正在建设)。居民的生活污水分散地表排放，一些生活污水产生难闻的气味，对古镇环境产生负面影响，同时对古镇天然溪流的水质造成一定程度污染。鲁史镇内建筑密集，街巷较窄，缺乏活动场地和绿色空间。

12.2 生态环境保护规划目标

12.2.1 镇域环境保护目标

近期，城乡污染基本得到控制，环境质量显著提高，将鲁史镇建设为云南省生态文明乡镇。远期，在近期建设的基础上，进一步开展环境污染治理、生态保护与建设、环境质量提升工程，全面实现社会、经济、资源与环境的协调发展，生态系统和谐运行，将鲁史镇建设为国家生态文明建设示范镇。

12.2.2 古镇区环境保护目标

近期，古镇区整体山水空间形态得到有效保护、自然环境得到改善整治、历史文化遗产及传统风貌得到继承与延续。远期，在近期建设的基础上，进一步开展生态保护与建设工程、环境质量提升工程，成为山川秀美、文化底蕴深厚、生态环境良好的国家生态文明建设示范镇。

12.3 环境保护规划内容

12.3.1 镇域环境保护规划

1. 总体布局

城镇环境是指城镇的河流、湖泊、森林、空气等自然景观和人文景观等，也包括历史与人工生态环境和自然环境。其中自然环境，特别是森林生态系统和湿地生态系统是城镇环境的骨架，是支持城镇其他系统发展的基础，在城镇生态系统中发挥最根本、最基础、最核心的作用，也是城镇环境保护最重要的对象。

通过对鲁史镇域范围内生态廊道和生态节点、基质以及重要的生态区域的规划，将整个镇域内的重要环境区域联系起来，形成良好的自然生态系统和廊道－斑块－节点－基质相结合的自然环境保护格局，从而实现和维护生态过程和景观格局的连续性。建立“一核(鲁史镇)、十七心(行政村)、两轴(黑惠江、澜沧江)、多块(自然保护区、水源地保护区、生态公益林区)、多线(两江的一二级支流)、多点(蓄水区、各型水库和坝塘)、两基质(农田、其他类型林地)”的总体布局，形成点线面相连接，基质斑块廊道互为一体的鲁史镇环境保护体系。

1)以河流为主的环境廊道体系保护

一级廊道建设：将鲁史镇域范围内的黑惠江、澜沧江、省道作为一级廊道进行保护建设，一级廊道建设要求对河道天然岸线 200m 范围内进行保护，严禁基本开发建设；对面源有污染的或被破坏的河段开展河道整治，实施退耕还水、植被和动物栖息地恢复等，提高河流水环境质量。

二级廊道建设：将两江的一级、二级支流划为二级廊道进行保护建设，对河道天然岸线 100m 范围内实施保护建设，严禁基本建设和开发，开展退耕还水和植被恢复，以及面源污染等问题进行综合治理。

2)以自然保护区、水源地保护区为生态环境节点保护

生态节点是物种的源和汇，同时还充当物种迁移的“生态踏板”，对保护和提高生态系统生物多样性以及确保生态格局的连续性、完整性有着重要的作用。该区有丰富的水源、野生动植物资源、丰富的植被类型，是鲁史镇最重要的森林景观及环境资源。加强生态林建设，提高林木覆盖率，使其在维持生物多样性、水土保持、抗御自然灾害等方面发挥重要作用。

3)以林地、农田为主的环境基质保护

基质是景观要素的若干类型中面积最大、连通性最好的要素类型，因此在景观功能上起着重要作用，影响能流、物流和物种流。在鲁史镇各种类型环境，比例最大，分布范围最广，对鲁史镇生态环境的改善发挥着重要作用。其与廊道、斑块共同构成了鲁史镇生态环境格局，为鲁史镇生态环境优化奠定了基础，因此，保证林地、农地环境质量是完善整个鲁史镇生态功能的一个重要因素。

4)以村镇为主的环境斑块保护

斑块是依赖于尺度的、与周围环境在性质上或者外观上不同，表现出较明显边界，并具有一定内部均质性的空间实体。村镇往往依山傍水，由于对自然生态系统的显著改变，导致其下垫面性质的显著改变，村镇范围内环境因子往往随着村镇建设与自然系统有显著差异。村镇斑块不仅关系到鲁史镇的景观格局，更影响到整个鲁史镇环境的可持续发展。

2. 环境功能区划

1)水环境功能区划

根据《地表水环境质量标准》(GB 3038—2002)，结合鲁史镇的环境现状和各水体功能，把黑惠江、澜沧江(包括支流)划分为Ⅲ类水功能区，执行地表水四级标准，排入本水体的污水执行《污水综合排放标准》中的二级标准。小型水库以及境内塘坝等其他水体划分为Ⅱ类水功能区，执行地表水三级标准。

2)空气环境功能区划

依据《环境空气质量标准》(GB 3095—1996)，镇域下辖的行政村划定为Ⅱ类空气质量功能区，执行《空气质量标准》(GB 3095—1996)二级标准。

3)声环境功能区划

根据《声环境质量标准》(GB 3096—2008)，结合鲁史镇的生态环境、社会环境及总体规划，将镇域内县道沿线100m范围内划分为4类功能区，执行《声环境质量标准》(GB 3096—2008)4类标准；4类功能区以外30m为3类功能区，执行《声环境质量标准》(GB 3096—2008)3类标准；其他区域划分为2类功能区，执行《声环境质量标准》(GB 3096—2008)2类标准。

3. 水环境综合整治

1)地表水体保护

建设好水库、河流水源涵养林及流域水土保持林，保护流域生态环境的同时，利用河道生态恢复方法，在镇域有条件的河段，种植适宜的水生植物，吸收转移水体中的营养物质，改善重点河段环境质量，提高水环境承载力，同时还要加强镇域内地下水资源保护。

2)生活污水处理

镇域范围内办公楼、居民楼、学校、医院、旅社、饭店基本完成化粪池的改造治理任务，镇区内公共厕所全部改造完成免水冲环保厕所。加快完善镇区污水配套管网建设，利用本区域山多人口密度不大的特点，在低洼堰塘湿地建设生活污水集中处理的自然氧化塘，使镇域生活污水处理率达到60％。

4. 森林植被保护

(1)严格执行《中华人民共和国森林法》，经营管理好现有的林业用地，加强保护好目前已有的生态公益林；

(2)推广圈养、围牧等先进饲养技术，多消耗农作物秸秆(稻草、玉米秸秆)，加大优良饲草种植面积，保护畜牧场合理载畜；

(3)加强水源林地的保护和管理，不出现沙化、退化，不发生新的水土流失；

(4)加强集镇和集市公共绿地的管理，全方位提高绿化水平和综合服务水平；

(5)加大扶持力度，推进沼气池普及。

5. 耕地保护

(1)严格执行《中华人民共和国土地管理法》、《基本农田保护条例》和《云南省农业环境保护条例》，合理利用土地；

(2)进一步建设高产、稳定特色农业基本农田(地)基地，要求耕率达100％；

(3)执行《无公害农产品(或原料)产地环境质量标准》，建优质农产品生产基地。

6. 历史文物及自然保护区保护

(1)对鲁史镇现有自然遗产的保护，从点、线、面全方位进行；

(2)加强对文物古迹的修缮保养，对其周边地区建设进行控制，整治历史文物古迹周边风貌，保存该地的民俗风貌，严格控制风貌恢复区的建设和环境协调区内的建设风格；

(3)深入挖掘和全面调查、整理鲁史镇的历史文化资源，探索文物保护与经济发展协调统一。

12.3.2　古镇区环境保护规划

古镇的价值不仅体现在历史建筑、传统街巷中，还体现于古镇与周边自然环境的和谐相处。古镇保护应强调周边整体生态环境的保护，加强生态环境建设，形成森林－古镇－农田－河谷和谐共生的自然生态系统。

(1)加强天人合一的良性循环自然生态系统建设。鲁史古镇依山而建，山脚河谷水长流。应加强古镇后山及周边的植树造林，使得从河谷蒸发升腾的水蒸气，在半山区受气流的压降而形成的茫茫云海，能够在一片片茂密的森林中化成绵绵雾雨，由于森林的巨大储水作用，在森林和崇山峻岭的管沟中，形成无数的山泉、水潭、溪流，造就了“山有多高，水有多高”的水源体系。满足古镇生活用水和古镇北侧层层叠叠梯田用水的需求，经由古镇、梯田徐徐下注，最后又复归于河坝的江河水网，演变成良性循环天人合一的自然生态系统。

(2)保留古镇特有的自然景观，提升古镇的整体环境。鲁史古镇独特地理环境形成了古井映月、三步两桥、云栖莲花等多处自然景观，在古镇发展中应该提倡自然与人文和谐的生态理念，加强自然景观的保护，并注重自然的社会建构，形成具有文化内涵的特色景观。

12.4　生态环境保护策略规划

12.4.1　加强领导组织工作，强化宣传教育

生态环境保护是一个非常复杂的系统工程，要求非常高的整体性和协调性，只有加强领导，成立强有力的组织机构，才能把整体性、协调性的思路贯彻下去[59]。

12.4.2　依法加强生态建设，强化管理措施保护环境

鲁史镇目前对生态建设的管理是按照现行《中华人民共和国森林法》规定以及《鲁史镇村规民约》执行。但由于村民环保意识的缺乏，对法律法规不够重视，仍需要依靠法律的强制性和继承性，加强生态环境的保护，提高管理水平，依法打击侵害环境的不法行为。

12.4.3　加大科研支持能力，完善生态环境监测体系

生态环境保护和建设是整体性、协调性很强的工作，是要依靠政府的宏观调控、法律、政策强力推行的。加大科研支持力度、完善生态环境监测体系、做好参谋工作，为

政府制定正确的宏观调控政策，制定符合当地实际情况的法律、政策提供依据[59]。

12.4.4 制定和实施生态保护行动计划和保护规划

生态保护的整体性和科学性，要求在生态环境保护工作中，先要制定生态保护行动计划和保护规划，然后按计划和规划，有步骤、有重点地展开实施。鲁史镇政府重视生态保护工作，如以村为单位进行封山育林、植树造林、对现有森林抚育管护、低产林改造等。目前已改造了1万多亩的水冬瓜林。具体保护行动从如下五个方面进行。

1. 环境保护

划定城乡集中式饮用水源保护地，加大保护力度，确保饮用水源的水质达到国家标准。加强农药、化肥的安全管理，推广高效低毒和低残留化学农药，防止不合理使用化肥、农药、农膜和超标污灌带来的化学污染和面源污染，保证农产品的安全。控制规模化畜禽养殖业的污染，鼓励建设养殖业和种植业结合的生态工程。加大农业面源污染控制力度，鼓励畜禽粪便资源化，确保养殖废水达标排放。禁止在公路、高压输电线及人口集中地区焚烧秸秆，推广秸秆汽化、还田等综合利用措施。

2. 土地资源开发利用的生态环境保护

为保护基本农田保护地，对土地承包者明确生态环境保护的责任，冻结征用具有重要生态功能的草地、林地等，重大建设项目尽量减少占用林地、草地和耕地，防止水土流失和土地沙化。

3. 水资源开发利用的生态环境保护

在水资源开发利用时，应统筹兼顾生产、生活和生态用水的综合平衡，坚持开源节流并重、节流优先、治污为本、科学开源、综合利用。严禁向水体倾倒垃圾和建筑、工业废料，加快集镇(村)污水处理设施、垃圾处理设施的建设。实现以下目标。

(1)污水处理系统因地制宜全面覆盖；

(2)安全饮水率达100%；

(3)提供非饮用生活用水、生产用水和灌溉用水的三重网状体系；

(4)所有生活用水用于农业再循环和再利用；

(5)所有农业运用节水灌溉方式。

4. 植树造林，改善生态环境

要切实搞好各类水源涵养林、水土保持林、防风固沙林、特种用途林等生态公益林。对毁林、毁草开垦的耕地和造成的废弃地，要按照“谁批准谁负责，谁破坏谁恢复”的原则，限期退耕还林、还草。加强森林防火和病虫害防治工作，努力减少林业资源灾害性损失，大力发展科技，利用可再生能源技术，减少樵采对林木植被的破坏。

5. 保护生态环境

城乡域内停止一切导致生态功能继续退化的开发活动和其他人为破坏活动。改变粗放生产经营方式，走生态经济发展道路。各类自然资源的开发，必须依法履行生态环境影响评价手续，资源开发重点建设项目，应编报水土保持方案。否则一律不得开工建设。

12.4.5 增强生态保护投入，完善环境经济政策

要想搞好鲁史镇生态建设，必须要完善环境经济政策，加大对环境保护的投入，只有这样才可实现资源的可持续性利用，实现环境保护和经济发展的协调一致。

12.4.6 加强科学研究，扩大对外合作

环境保护是世界性的共同课题，鲁史镇环境保护光凭自身力量还不够，必须借鉴外部特别是国内外历史文化名镇环境保护相关的经验。通过建立对外交流机制，扩大对外合作领域，及时掌握国内外环境保护最新研究动态，总结历史文化名镇环境保护的成功经验。依托省内外有关科研院所，为鲁史镇环境保护和生态恢复提供技术支持，构建技术力量雄厚的科技保障。

第 13 章　旅游产业发展规划

13.1　旅游业发展现状分析

13.1.1　总体概况

鲁史古镇旅游资源丰富，资源等级较高，但地处边远山区，交通不便，旅游业发展缓慢。游客人数 2010 年 5000 人，2011 年 6000 人，2012 年 8000 人，2013 年 10000 人。游客量较少，呈逐年递增趋势。

古镇内现有旅馆 8 家，餐馆 14 家，旅馆床位数 120 张，古镇村民农家接待目前有一家四方香。

13.1.2　存在问题

1. 交通不便

鲁史镇与凤庆县城有沥青乡村公路连接，但路面窄，弯道大，耗时长。鲁史镇到塘房、金马等村寨的公路均为土路，雨季难以通行。道路附属设施较差，车辆沿街停放。

2. 旅游服务设施较差

鲁史镇目前有 8 家接待客栈，床位少，条件差，不能满足游客的住宿要求，古镇内没有住宿设施。

游客中心、旅游厕所等服务设施建设尚未启动。

现状水处理措施，供需矛盾突出，管道覆盖面小，供水普及率低，部分村社农户为分散式取水，部分社区灌溉和生活用水短缺；排水设施和消防设施尚属空白，需加快建设改造；厕所不符合卫生标准，需要加以改进。

3. 经营管理水平较低，专业旅游队伍尚未建立

鲁史镇旅游尚属初步开发，旅游营销薄弱，旅游资源尚处于“养在深闺人未识”阶段，目前尚无专业的乡村旅游管理团队承担旅游工作，镇上无专门的管理机构和管理人

员。村民的文化水平普遍较低，旅游意识薄弱，与真正意义上的旅游经营活动还有差距。

13.2　旅游资源调查与评价

13.2.1　旅游资源分类

根据国家标准《旅游资源分类、调查与评价》(GB/T 18972—2003)，得出鲁史古镇发展旅游的资源共有 7 个主类，13 个亚类，25 个基本类型，60 个资源点，旅游资源十分丰富(详见表 13.1)。

表 13.1　旅游资源一览表

主类	亚类	基本类型	旅游资源名称
A 地文景观	AA 综合自然旅游地	AAA 山丘型旅游地	犀牛望月、山峰奇景
B 水域风光	BA 河段	BBA 观光游憩河段	百里长湖
C 生物景观	CA 树木	CAA 林地	山地生态农业、古茶树群落、五道河原始森林保护区
	CB 草原与草地	CBB 疏林草地	林野牧歌
E 遗址遗迹	EB 社会经济文化活动遗址遗迹	EBC 废弃寺庙	太平寺、孔雀山寺、云栖寺、飞龙吐珠、金钟罩宝、武当山圣谕堂遗址
		EBE 交通遗迹	犀牛古渡、青龙桥遗迹、茶马古道
F 建筑与设施	FB 单体活动场馆	FBE 歌舞游乐场馆	鲁史戏楼
	FC 景观建筑与附属型建筑	FCC 楼阁	文魁阁、兴隆寺大殿、文昌宫、云大书院
		FCH 碑碣(林)	缉毒英雄吴光林纪念碑、永定乡规碑
		FCI 广场	四方街广场
		FCK 建筑小品	大水井
	FD 居住地与社区	FDA 传统与乡土建筑	塘房石头寨、鲁史古镇民居院落
		FDB 特色街巷	古镇“三街七巷”
		FDC 特色社区	鲁史古镇、塘房村、犀牛村、金马村
		FDD 名人故居与历史纪念建筑	茶马古道驿站、阿鲁司官衙旧址、将军第、进士第
		FDF 会馆	川黔会馆、西蜀会馆、滇西会馆
	FE 归葬地	FEB 墓(群)	赵又新祖墓遗址
	FF 交通建筑	FFA 桥	亚洲第一深水高桥(漭街渡大桥)
G 旅游商品	GA 地方旅游商品	GAA 菜品饮食	猪肉腊味品(火腿、香肠、泡肝)、豆制品(毛豆腐、豆豉、卤豆腐)
		GAB 农林畜产品与制品	核桃、茶、烤烟
		GAE 传统工艺品	酱油、酱豆腐、擀面、手工刺绣

续表

主类	亚类	基本类型	旅游资源名称
H 人文活动	HA 人事记录	HAA 人物	历史文化名人(龚彝、赵又新、杨文鸿、陈大宣、汤国景、秦朝臣、骆英才、李绍龙、永明和尚、张子良、赵桥发、毛键、黄应中、张子炜、李为舟、乐定朝、甘遇春、曹现舟、乐盈朝、乐亮朝、石长富共 21 人)
	HC 民间习俗	HCA 地方风俗与民间礼仪	边地茶文化
		HCB 民间节庆	火把节、做斋
		HCC 民间演艺	耍龙、滇剧、花灯、话剧、演奏、打歌
数量统计			
7 个主类	13 个亚类	25 个基本类型	60 个资源点

13.2.2 旅游资源等级评价

按国家标准《旅游资源分类、调查与评价》(GB/T 18972—2003),对单个旅游资源单体进行评价,依据总分将鲁史镇旅游资源分为五个等级(详见表 13.2)。

表 13.2 旅游资源等级评价表

旅游资源等级	资源单体名称
五级旅游资源	鲁史古镇、茶马古道
四级旅游资源	塘房村、塘房石头寨、五道河原始森林保护区、古茶树群落、茶马古道驿站、古镇“三街七巷”、鲁史古镇民居院落、四方街广场、阿鲁司官衙旧址
三级旅游资源	太平寺、孔雀山寺、云栖寺、飞龙吐珠、金钟罩宝、犀牛古渡、青龙桥遗迹、武当山圣谕堂遗址、文昌宫、文魁阁、兴隆寺大殿、鲁史戏楼、酱油、酱豆腐、百里长湖、云大书院、耍龙、打歌、大水井、犀牛村、金马村、将军第、进士第、川黔会馆、西蜀会馆、滇西会馆
二级旅游资源	犀牛望月、山峰奇景、缉毒英雄吴光林纪念碑、永定乡规碑、边地茶文化、赵又新祖墓遗址、亚洲第一深水高桥(漭街渡大桥)、山地生态农业、林野牧歌、火把节、滇剧、花灯、话剧
一级旅游资源	手工刺绣、猪肉腊味品(火腿、香肠、泡肝)、豆制品(毛豆腐、豆腐、豆豉、卤豆腐)、核桃、茶、烤烟、民间演奏、做斋、历史文化名人、擀面

13.3 客源市场分析

13.3.1 客源市场现状分析

1. 鲁史镇乡村旅游市场调研分析

鲁史镇旅游发展起步较晚,各项旅游经济指标较低,以自驾车观光游客为主,处于旅游发展初期。根据在鲁史客栈、车站和鲁史古镇的游客调查，鲁史旅游客源市场具有以下特征。

(1)客源市场区域：前往鲁史的游客以凤庆县本地游客为主，外省及境外游客所占份额较少。

(2)旅行方式：游客大多以自驾车的方式进入鲁史古镇，也有少部分乘长途客车进入的背包客，没有团队游客。

(3)旅游目的：进入鲁史的游客多以观赏古镇民居风貌和小湾电站水库观光为主要目的。

(4)旅游消费：旅游产品较为单一，游客消费额极为有限，绝大多数游客消费支出在 500 元内，主要用于交通和餐饮费用。

(5)旅游季节：每年的五一假期和十一假期以及春节前后游客较多，双休日也偶有本地游客进入。

13.3.2　客源市场定位

1. 旅游市场总体定位

结合鲁史古镇客源市场构成现状，基于本规划对鲁史古镇旅游产品的设计，将未来鲁史古镇旅游客源市场分为三个级别：

(1)核心市场

现状客源市场省内游客占绝大部分比例，在未来古镇旅游的发展中，省内游客也将继续是核心市场，是鲁史古镇旅游发展中应予以最多关注的客源市场，其中昆明市、临沧市以及周边相邻的几个城市如普洱市、保山市、大理州以及从临沧边境入境的过境游客更是核心市场中的主体。

(2)重点市场

云南省周边的四川省、贵州省、重庆市以及国内经济发展程度较高的长三角、广东省和京津地区的游客以及沪昆高铁沿线及附近的湖南、湖北、江西三省将构成鲁史古镇旅游发展的重点市场。

(3)机会市场

国内除核心市场、重点市场以外的省份和国际游客均可以作为鲁史古镇旅游的机会市场，这类市场未来在鲁史古镇旅游市场中占比相对较小，但是随着进一步的市场深耕，有成长为重点市场的机会。

2. 客源市场细分

按照不同的划分标准可以将鲁史古镇旅游客源市场划分为不同的细分市场，具体的划分标准、游客需求、细分市场及对应产品(详见表 13.3)。

表 13.3 鲁史古镇旅游客源市场细分表

划分标准	细分市场	游客需求	对应产品
游客的特定利益	自然观光游客	回归自然、陶冶性情、欣赏大自然之美、陶冶个人情操、锻炼人生意志	百里长湖、犀牛望月、五道河森林观光、野生古茶树群
	文化观光体验游客	观赏古镇文化、体验民族风情、感受淳朴民风、品尝独特美食、欣赏传统建筑、服饰等	鲁史古镇游览、历史古迹游览、塘房石头寨游览、古道驿站游、大尖山朝山(庙会)、边地茶文化、彝族山歌对唱、“打歌”观赏、火把节狂欢、朝花山体验、观龙灯、看滇剧、听花灯、品特色美食、住当地民居
	休闲度假游客	放松身心，享受生活等	采摘乐园、开心农庄、康体疗养、乡村茅店
	户外运动游客	张扬个性、崇尚自由、体验户外、时尚潮流等	漂流、滑翔跳伞、水上自行车、水上汽车营地、主题餐厅、山地越野、户外徒步、山地自行车、山地摩托、户外拓展、骑马等、茶马道徒步、马帮生活体验、山林徒步越野
	科普科考游客	增长知识、增强野趣	动物科普、植物科普、水电科普等
年龄群体	青年群体	休闲娱乐，摆脱日常繁重的学习、工作压力，在旅游中寻求身心的放松，享受生活	休闲度假类产品、户外运动类产品、科普科考类产品、大众观光类产品
	中年群体	追求较高品质的旅行，对价格不敏感，关注家庭成员的感受	高山徒步、康体养生、采摘乐园、森林氧吧、万亩原始森林观光
	老年群体	关注身体健康，对文化类产品有浓厚兴趣并有怀旧思乡情节	休闲度假类产品、民俗文化类产品、大众观光类产品、原始森林产品
交通组织方式	自驾车市场	便利性、个性化、深度化	所有道路条件好、停车方便的旅游产品都会被选择
	高铁游客市场	近距离、高频次	大众观光类产品、休闲度假类产品、户外运动类产品

13.4 旅游产品策划

鲁史古镇和鲁史茶马古道是世界级旅游资源，其旅游产品开发围绕鲁史古镇和茶马古道进行策划，主要有自然人文观光游、历史文化体验游、乡村休闲度假游、科普旅游、生态旅游、山地运动体验等旅游产品类型。

13.4.1 本地旅游产品——观光旅游

1. 古镇古街游

古镇古街观光产品是以丰富多彩的历史古迹及古镇文化为主要吸引物，能够使游客增长知识，享受文化艺术创造。

开发思路：以四方街为中心点，游遍“三街七巷”，“三街”即：上平街、下平街和楼梯街。“七巷”即：曾家巷、黄家巷、十字巷、骆家巷、魁阁巷、董家巷、杨家巷。观赏主要景点兴隆寺、大水井、戏楼、阿鲁司官衙旧址、楼梯街、文魁阁及受茶马古道大理南诏建筑影响的集镇民宅建筑群。

主要项目：“三街七巷”路面及沿街建筑整治、茶马古道保护与修复、文物建筑和历史建筑修缮、特色土特产商铺建设。

目标群体：以昆明为核心的云南省各个地级市及其市辖县市客源市场以及省外及国际二级市场。

2. 自然观光旅游产品

自然风光观光是以山景风光、峡谷湖泊、森林草原等为主要吸引物，具有良好的环境教育功能，为旅游者提供欣赏大自然之美、陶冶个人情操、锻炼人生意志的一种开发较早、最主要的观光旅游产品。

开发思路：依托鲁史现有的自然风光类旅游资源，开发构建以百里长湖、犀牛望月、五道河森林观光、野生古茶树群、野生杜鹃群等为主体的自然风光观光产品体系。

主要项目：水上景观廊道建设、五道河森林观光廊道建设、野生古茶树群开发等。

目标群体：大理、临沧等周边客源市场和昆明、楚雄、玉溪等省内客源市场。

13.4.2 核心旅游产品——历史文化体验游、乡村休闲度假游

1. 历史文化体验游

历史文化体验游通过地域的不同场所精神和文化内涵，塑造特定地域的文化氛围，增强游客的文化感受。

开发思路：依托茶马古道鲁史段、甘遇春等历史名人以及众多宗教庙宇资源，通过整修茶马古道、修复名人故居和庙宇、建设名人纪念馆、拍摄名人影视剧、组织名人纪念节庆活动等措施，大力发展文化旅游产品。

主要项目：茶马古道鲁史段整修项目、名人故居修复项目、名人纪念馆建设项目、名人影视剧拍摄项目、名人纪念节庆活动组织项目、历史建筑修缮、修建和恢复茶马古驿站、修建鲁史老物件展览馆、兴隆寺、云栖寺、文魁阁等寺庙的保护开发项目，寺庙遗址建设项目。

目标群体：国内外客源市场。

2. 乡村休闲度假游——特色村寨

休闲度假类旅游产品是以山地、湖水、乡村、度假区、公园、水库等为主要吸引物，具有观光、休闲、度假、娱乐、康体、运动、教育等功能的一种旅游产品。随着人们闲暇时间的不断增加，城乡家庭、尤其是城市家庭将越来越多的可支配收入用于外出休闲度假，休闲度假式旅游已逐渐成为旅游消费的主流和国内旅游发展的重要方向。

开发思路：保护开发茶马古道沿线的金马村、塘房村、犀牛村三个传统村落，融合

古茶树、核桃、野生杨梅等山水乡村资源，建设乡村度假公园、大中型农业庄园、农家乐，开展民俗体验、乡村体验、水上娱乐、果品采摘节、赏花、果品加工等活动，形成川滇旅游轴线上乡村休闲度假的一个中心。

主要项目：古茶树主题公园、核桃主题乐园、大中型农业庄园、农家乐(乡土菜肴、农家客栈)。

目标群体：川滇地区的城市居民。

13.4.3　三大延伸旅游产品

1. 科普旅游产品

科普旅游通过对旅游地深层次开发，突出其科学文化内涵，以满足人们探索大自然奥妙的好奇心，提高游客的科学知识水平。

开发思路：依托鲁史现有生态资源，通过产品延伸，发展动物科普、植物科普、水电科普等系列针对青少年儿童的科普旅游产品。

主要项目：动植物科普、水电科普基地建设。

目标群体：青少年群体。

2. 生态旅游产品

生态旅游产品强调自然保护和经济开发结合在一起的旅游需求，旅游者由被动到主动的旅行方式转变，以大自然为主要吸引物，集观光、科考、科普、度假、健身、娱乐、野营、体育、夏令营、观鸟、观赏野生动物等多种功能于一体的一种新兴的专项旅游产品。

开发思路：依托鲁史现有自然资源，通过生态旅游线路、自驾车旅游线路的建设，开发构建以生态观光、自然科考、生态娱乐为一体的生态旅游产品。

主要项目：自驾车旅游线路建设、自行车道和步道建设。

目标群体：以昆明为核心的云南省各个地级市及其市辖县市客源市场。

3. 山地运动体验产品

山地旅游是以山地自然环境为主要旅游环境载体，以山地攀登、探险、考察、野外拓展等为特色旅游项目。

开发思路：依托当地原始森林风光及水域资源，对接新兴市场需求，建设山地探险俱乐部，加强景观道、标示标牌、旅游厕所、维修服务站、安全救援体系建设，完善节点城镇、景区等配套开发，构建集山地越野、户外徒步、山地自行车、山地摩托、户外拓展、骑马、野营、滑翔伞、定向越野、攀岩、野战游戏、丛林探险、山谷科考、速降、水上漂流等多种山地探险运动的旅游产品。

主要项目：沿村寨路线节点建设山地运动俱乐部服务站。

目标群体：以昆明为核心的云南省各个地级市及其市辖县市客源市场。

13.5　游赏方式及路线组织[①]

1. 自行车游赏线路：

鲁史古镇区——象脚井——犀牛
鲁史古镇区——古平——金鸡——凤凰——诗礼——古墨

2. 徒步游赏线路：

鲁史古镇古镇区——塘房特色村寨
亚洲第一深水高桥(漭街渡大桥)——滨河景观长廊

3. 骑马游赏线路：

鲁史古镇区——塘房特色村寨
永发——永新

4. 车行线路：

(1)区域游览线路

随着凤巍二级路的建设以及小湾库区游轮的购入以及对鲁史至诗礼接大保高速、鲁史至新华接南涧两条公路的等级提升，鲁史镇对外交通将得到极大的改善，区域组织游线如下：

线路一：大理经临沧至缅甸，昆明—大理—巍山—鲁史—凤庆—沧源—缅甸；

线路二：大理经保山、芒市至缅甸，昆明—大理—巍山—鲁史—凤庆—保山—芒市—缅甸；

线路三：百里长湖游览线路，漫湾—大朝山—小湾电站—鲁史—诗礼(古墨)；

(2)镇域游览线路

线路一：综合游览线(3 日)：

水电工业观光区——塘房特色村寨——茶马古道——鲁史古镇区——五道河原始森林——探险俱乐部——水上活动中心——养生度假中心——亚洲第一深水高桥(漭街渡大桥)

线路二：滨湖游览线(1 日)：

水电工业观光区——亚洲第一深水高桥(漭街渡大桥)———养生度假中心——水上活动中心—探险俱乐部

线路三：历史游览 A 线(2 日)：

---

① 引自鲁史镇旅游产业特色专项规划(2011－2030)

水电工业观光区——塘房特色村寨——茶马古道——鲁史古镇区——金鸡古茶树游览区——古墨特色村寨

线路四：历史游览B线(1日)：

水电工业观光区——塘房特色村寨——山地运动俱乐部——茶马古道——鲁史古镇——犀牛古渡

13.6 社区参与规划

1. 社区旅游发展目标

(1)通过一系列社区旅游项目的实施，从意识、知识和技能等多途径建设和增强鲁史各社区个人和集体参与旅游的能力。

(2)在社区内部形成适应本地情况的社区旅游发展战略。

(3)建立以社区为基础的发展机制，增强社区平等获取资源的能力，提高其自觉规划和参与发展的能动力，实现社区旅游的持续发展。

2. 社区旅游发展措施

(1)成立社区旅游发展协会

以政府主导、村民自愿的原则建立社区旅游发展协会，对社区旅游发展进行管理和协调工作。协会的主要工作任务是协助社区居民获得旅游发展的资金、相关配套设施；帮助村民向政府部门反映其在旅游发展中的各种需求；协助相关部门管理和规范社区旅游发展，帮助订立和监督执行社区旅游发展共管条例，并聘请专业人员编制社区旅游培训手册。

(2)合理分配社区旅游收益

合理的利益分配机制是社区旅游持续发展的重要保障。尽管社区旅游只是一部分农户直接参与，但是民居建筑、村落文化、生态环境、农业景观等资源为整个社区所共有，因而获得的旅游收益应该按照效率优先、兼顾公平的原则进行分配。

(3)实施社区旅游培训计划

①培训内容

针对社区居民参与旅游接待项目的需要安排培训内容主要包括大众性培训和专业性培训两方面。前者面向全体社区居民；后者主要面向直接参与旅游业的社区居民。

②培训要点

培训开始前，对社区居民的技能和爱好进行详尽调查，并依据其专长有针对性地进行培训；

重视民间艺人、文化精英、社区精英的示范带头作用；

利用现代教育、传媒、与外界接触等方式，拓展居民眼界，提高村民素质和旅游接待水平；

分批选派代表到大理市、丽江市及省外乡村旅游示范村进行考察学习。

表 13.4 旅游接待培训内容

培训类别	知识类型	主要培训内容	培训方式
大众性培训	旅游业基础知识	旅游业的发展概况、生态环保知识	政府组织专题培训、讲座；媒体宣传教育；知识竞赛
	地方知识	茶马古道文化、地方民族文化、传统技艺传习	政府组织古镇精英进行培训；村民交流；板报、墙报；媒体宣传教育；中小学素质教育
	相关法规教育	国家和地方相关法律法规、旅游行业法律	政府组织专题培训；村内交流；媒体宣传教育；知识竞赛
专业性培训	服务意识	商品经济意识、服务态度、岗位职责、卫生意识	政府组织专题培训；村民交流
	基本服务技能	旅游操作技能、礼仪礼节、普通话与外语水平、宣传销售技能、产品加工技能、安全救援常识	政府组织专题培训；示范户交流；考察、学习；知识竞赛
	专门开发技能	商品加工和包装能力、产品设计能力、特色技能	政府组织专题培训；考察、学习；媒体宣传教育、知识竞赛

3. 当地居民参与旅游接待项目规划

(1)指导茶叶采摘

鲁史以茶叶为主的农业产业结构调整成效显著，鲁史以出产茶叶原材料闻名，核桃、烤烟具有较强的市场竞争力和美誉度。这为开展水果、农作物采摘旅游提供了坚实的基础。

(2)古驿站接待

以“吃农家饭、品农家菜、住农家屋、干农家活、娱农家乐、购农家品”为基本内容的“农家乐”特色旅游项目受到广大城市消费者的青睐。鲁史可以依托茶马古道文化，建设与农家乐功能相似的古茶马驿站接待。成为拉动地方经济发展，促进农民增收、财政增长的重要路径。通过开展古茶马驿站接待，一方面丰富旅游内容，增加游客体验效果；一方面可以延长游客逗留时间，增加旅游消费量，增加社区居民收入。鲁史镇乐家大院、曾家大院、乐延富家、李克祥家、张克富家等都具有开展驿站的条件，各家可以根据自身特色开展风格各异的驿站接待。农家还可以向游客出租马匹，让游客充分体验真正的茶马古道游览乐趣。

(3)民俗文化体验

鲁史文化活动的丰富与完整是鲁史文化特征的又一重大标志。如“彝族传统火把节”的做斋、打歌，“春节”的唱戏、舞龙舞狮、鹬蚌相争、大头和尚耍狮、划旱船、对歌等节目，构成了鲁史各村寨社区节庆不断、活动不绝的文化氛围，为鲁史开发节庆旅游产品提供了坚实的基础。与社区合作开展大型旅游活动不但能激发社区居民了解旅游，支持旅游，参与旅游的热情，还能为社区参与旅游提供更多的条件和机会。

(4)旅游商品的加工、销售

旅游购物是旅游业开发中的重要内容，不仅可以增加游客的旅游体验度，而且也是社区居民创收的主要途径之一。作为旅游游憩体验过程的一种延续载体，具有地方特色的旅游商品浓缩了各地的经济、历史和文化特色，成为一种寓地方性、民族性、文化性、纪念性的休闲产品。在旅游业接待过程中，旅游目的地社区居民通过生产、销售具有当地特色的旅游商品，不仅可以宣传本地文化，促进社区居民文化发展，而且也是社区居民改善经济条件，脱贫致富的良方。

鲁史镇可以作为旅游商品的资源十分丰富，除了作为鲁史镇主要特色的茶叶产品外，还有各种农副土特产，以及各种手编工艺品等。

(5)其他旅游项目

结合地方特色文化，设计旅游项目，特别是参与性、体验性强的旅游项目，增强游赏内容，既能丰富游客的旅游体验，增强满意度，又能增加当地居民的经济收入，为当地富余劳动力离土不离乡创造条件。

第 14 章　分期保护规划

全面保护与利用鲁史古镇，计划分近期和远期两期分步实施，通过近期计划，启动整个保护整治行动，探索改造模式，远期逐步向纵深发展，最终达到全面保护与整治鲁史古镇的目的。

14.1　近期保护规划(2015—2020)

近期建设以能够迅速树立古镇形象，带动旅游业的发展，树立居民保护古镇历史文化意识为主，做好国家级历史文化名镇古镇的申报工作，保护古镇文化，激活旅游市场，扩大古镇的知名度。

14.1.1　近期保护内容

(1)对文物保护单位、历史文物、历史建筑进行普查，以点—线—面的顺序落实保护政策，制定合理且符合实际的保护和修缮计划。宗师华大院、鲁史甘家大院、李家大院等文物保护单位列入省级文物保护单位；鲁史古井、张家大院等文物保护单位列入市级文物保护单位；历史建筑积极申报文物保护单位。

(2)积极申报国家级非物质文化遗产，毛健的传说、鲁史古镇文化保护区争取进入省级非物质文化遗产名录，力争 2 个以上项目列入市级非物质文化遗产名录。

(3)重点整治核心区，并严格控制其范围内的用地和建设。对核心区三街两侧不协调的建筑进行整治，重现历史街区的道路形态和主要空间格局。对保护的民居院落进行修缮，落实保护措施及保护资金。近期核心区内主要实施结合阿鲁司官衙修缮建设民俗文化博物馆，建设四方街文化广场。

(4)建设控制地带新建项目必须与核心区的建筑风貌相一致，对该区域内环境进行控制，减少人类生产与生活对核心区的影响。近期完成生活垃圾卫生填埋场的建设，古镇常流水恢复建设。

(5)环境协调区的建筑风貌、体量、色彩等要与古镇保护相协调。近期环境协调区内的建设项目主要有：茶马广场建设项目、综合文化站项目。

(6)加快完成消防设施配套工程，建设旅游解说系统，传统文化造册编写。

(7)成立名镇保护委员会，针对规划要求的内容，制定合理有效的保护措施，以尽快落实保护工作，做好前期宣传工作，营造良好的保护氛围，促成社会各界的广泛参与。

(8)加大旅游营销力度，加快旅游服务设施建设。完成古镇停车场的建设，发展乡村旅游项目、游客服务中心、古镇旅游通道等建设。结合古镇旅游，开发澜沧江百里长湖旅游、五道河原始森林体验旅游。

14.1.2 近期建设项目时序安排及投资估算(详见表 14.1)

表 14.1 近期投资估算表

序号	项目名称	建设时间/年	投资/万元	备注
1	综合文化站项目	2015～2016	260	古镇内
2	游客服务中心	2015～2016	100	古镇内
3	传统文化造册编写	2015～2016	20	古镇内
4	楼梯街茶马文化街道建设	2015～2025	15000	古镇内
5	古镇旅游通道建设	2015～2016	600	古镇内
6	古镇常流水恢复建设	2015～2020	530	古镇内
7	环古镇公路建设	2015～2020	500	古镇内
8	民俗文化博物馆	2015～2020	436	古镇内
9	古镇停车场	2015～2016	350	古镇内
10	消防设施配套工程	2015～2016	300	古镇内
11	四方街文化广场	2016～2017	450	古镇内
12	镇西北停车场	2016～2017	320	古镇内
13	镇中心停车场	2016～2017	300	古镇内
14	茶马文化广场	2016～2017	300	镇域范围内
15	旅游解说系统建设	2016～2017	200	古镇内
16	茶马古道体验旅游步道	2016～2025	5000	镇域范围内
17	澜沧江百里长湖旅游开发	2016～2025	12000	镇域范围内
18	五道河原始森林体验旅游	2016～2025	5000	镇域范围内
19	乡村旅游项目	2016～2025	5000	镇域范围内
20	永新农贸市场建设	2015～2017	6000	镇域范围内
21	生活垃圾卫生填埋场	2015～2017	3300	镇域范围内
合计/万元	55966			

14.2 远期保护规划(2021—2030)

远期继续完成古镇区民居建筑的修缮工作，加强旅游服务设施建设，形成旅游产业与古镇保护和谐发展的历史文化名镇保护发展模式。具体内容包括以下几个方面。

(1)继续完善古镇基础设施和旅游服务设施；

(2)古镇区周边生态环境和景观建设；

(3)继续完成古建筑和古街立面整体改造工程；

(4)在鲁史古镇东侧入口处恢复重建古镇原有牌坊忠爱坊；

(5)继续加强文物保护单位、非物质文化遗产申报工作，文化保护单位、非物质文化遗产数量、级别不断增长；

(6)改善古镇区内人居环境质量，实现人畜分院；

(7)实施茶马古道文化遗产保护项目和游道建设；

(8)完成茶马古道沿线的金马村、塘房村、鲁史村、犀牛村的风貌保护与建设；

(9)完成镇域游道和旅游服务设施改造、建设。

第15章　规划实施保障措施

15.1　建立健全古镇保护规章制度

(1)以规划文本为依据，发布符合鲁史古镇保护特点的保护管理办法等规章制度，对古镇进行严格科学管理，加大行政执法力度。

(2)建立有效的监控制度，及时反映和听取社会各阶层的意见和建议，及时掌握并预测保护发展的各种动态，监控古镇保护及发展进程。

(3)制定政府管理政策和各项信息公开制度，在古镇人居环境建设、拆迁改造等重大事项决策时，实行公示和听证制度。

15.2　加强古镇保护的领导机制

(1)建立古镇保护委员会，邀请鲁史镇书记或镇长担任主任，配备稳定、能力强的管理队伍，将古镇保护作为政府的重要工作，重点抓，经常抓。

(2)建立鲁史古镇保护开发公司，理顺体制，大胆创新，走“政府强势主导与市场有效运作相结合”的路子。

15.3　强化群众参与的保护机制

(1)强调原住民是鲁史古镇保护的主体，尊重和听取当地群众对古镇保护和利用的建议和意见。探索群主及全社会共同参与古镇保护和民居修缮利用的新机制，引导和鼓励群众参与古城保护投入，改变政府独家唱戏、独立支撑的状况。

(2)增强古镇居民的地方文化认同，强化群众对古镇价值的自豪感和古镇保护的责任感，引发自觉的古镇保护行为，形成群众自律约束、相互监督的良好局面，促进古镇历史文化的可持续发展。

(3)加强与居民的沟通交流，完善基础设施建设，尽量改善群众生活水平。可通过财政补贴等方式鼓励群众按古镇风貌自行修缮住房。

(4)积极引导古镇群众参与旅游发展，适当增加古镇群众在旅游发展中的份额，让他们在古城保护中获得机会、得到实惠，认识到古镇保护与开发与自己的生活密切相关，增强古镇保护的积极性和主动性。

15.4　加强古镇文化遗产管理，建立文化遗产保护档案

(1)应对古镇文化遗产资源的种类、数量、分布状况、生存环境、发展现状进行全面普查，认真收集、细致整理分析各类资料，运用现代技术手段为每项文化遗产建立系统的电子档案。

(2)加强对古镇文化的研究、展示，对具有价值的古建筑及其历史风貌提出具体的保护政策和展示手段。

15.5　成立民间组织

(1)成立民间保护协会，由古镇各个产权所有者、管理部门、文化团体和热心古镇保护事业的人士参加，同时聘请有关专家、学者担任顾问，指导保护和发展。

(2)古镇保护协会的主要职能是：反映古镇各个方面的真实情况和意见；遵循古镇的各项保护规章，采取自律行为，相互监督；积极筹措保护资金，并监督保护专项基金的使用；组织开展古镇保护有关政策咨询和各种文化交流。

15.6　培养保护管理人员和修缮队伍

(1)对古镇的保护管理人员实施定期培训制度，培养稳定的技术管理队伍，保证古镇的保护性。

(2)建设按照规划要求进行，同时对参与古建筑修缮维修的设计施工队伍进行资格审查，并确保古建筑的维修在专家指导下进行。

15.7　保护和开发相结合、适度开发旅游

古镇的保护开发及资金筹集工作要推向市场，吸引社会各界参与古镇保护。利用鲁史特有的人文资源发展旅游产业，促使文化资本、社会资本和经济资本有机融合，带动经济结构调整，实现脱贫致富。但应该注意的是，旅游经济的适度发展应是在保护古镇的前提下，在合理的环境容量范围内，避免对古镇造成不可挽回的破坏。

参 考 文 献

[1]汪子茗．历史文化名镇保护的利益协调机制研究——以重庆市为例[D]．重庆：重庆大学，2015.

[2] Rodolphe EI-Khoury. Shaping the city：studies in history，theory and urban design [M]. New York：Routledge，2004.

[3]赵勇．中国历史文化名镇名村保护理论与方法[M]．北京：中国建筑工业出版社，2008.

[4]吕妍．芝英古镇空间形态构成要素及其特征研究[D]．杭州：浙江大学，2014.

[5]张野平．浙江新市镇历史文化名镇保护规划研究[D]．杭州：浙江大学，2012.

[6]朱玉媛，周耀林，赵亚茹．论可移动文化遗产保护的国际立法及其对我国的启示[J]．档案学研究，2010(3)：82-86.

[7]赵勇．建立历史文化村镇保护制度的思考[J]．城乡建设，2004(7)：43-45.

[8]吴瑕．山西省润城历史文化名镇保护规划研究[D]．武汉：华中科技大学，2007.

[9]林诚斌．中国历史文化名村及其保护对策[J]．古今农业，2010(2)：111-117.

[10]张万玲．历史文化村镇保护的经济途径研究[D]．广州：华南理工大学，2013.

[11] Steinberg F. Conservation and rehabilitation of urban heritage in developing countries[J]. Habital Intl，1996，20(3)：463-475.

[12]Strange I. Local politics，new agendas and strategies for change in Eeglish historic cities[J]. Cities，1996(13)：431-437.

[13] Robert P. Comparative review of policy for the protection of the architectural heritage of Europe[J]. International Journal of Heritage studies，2002，8(4)：349-364.

[14]Tiesdell S. Tensions between revitalization and conservation[J]. Cities，1995，12(4)：231-241.

[15]Townshend T，Penglebury J. Public participation in the conservation of historic areas：case-studies from north-east [J]. Journal of Urban Design，1999，4(3)：313-352.

[16]Pendlebury J. Theconservation of historic areas in the UK：a case study of "Grainger Town"，Newcastle up on Tyne[J]. Cities，1999，16(6)：423-425.

[17]Larkham P J. The place of urban conservation in the UK reconstruction plans of 1942-1952[J]. Planning Perspectives，2003，18(7)：295-324.

[18]Marinos A，张恺. Practice in reappearance of the value of urban cultural heritage in France[J]. 时代建筑，2003(3)：14-16.

[19]陈渝．城乡统筹视角下的历史文化名镇保护与发展研究[D]．重庆：重庆大学，2013.

[20]Bedate A，herrero L C，Sanz J A. Economic valution of the cultural heritage：application to four case studies in Spain[J]. Journal of Cultural Heritage，2004(5)：101-111.

[21] Kennedy O. Cultural tourism in Kenya[J]. Annals of Tourism Research，2002，29(4)：1036-1047.

[22]曾浩强．成都历史文化名镇现代适应性更新研究[D]．成都：成都理工大学，2014.

[23]徐可心．武汉市历史文化名镇(村)评价指标体系研究[D]．武汉：华中科技大学，2013.

[24]赵勇，张捷，秦中．我国历史文化村镇研究进展[J]．城市规划学刊，2005，2：60-64.

[25]阮仪三，邵甬，林林．江南水乡城镇的特色，价值及保护[J]．城市规划汇刊，2002 (1)：1-4..

[26] Joseph C. Wang(王绰)．水乡古镇[J]．华中建筑，1995，12(2)：51-56.

[27]黄婧．浅谈历史文化名镇的特色与保护[J]．上海城市规划，2000(1)：26-27.

[28]赵勇，崔建甫．历史文化村镇保护规划研究[J]．城市规划，2004，8：54-59.

[29]张丛葵，陈京涛，常乐．历史文化名镇名村的保护与发展——以吉林省乌拉街满族镇保护规划为例[J]．规划师，

2008，24(12)：94-98.

[30]魏晓芳，赵万民，王正. 重构失落的空间——松溉古镇山地人居环境保护与发展探索[J]. 规划师，2010 (1)：26-31.

[31]田利. 廿八都镇保护规划的实践与思考[J]. 规划师，2004，20(4)：56-58.

[32]赵勇，张捷，李娜，等. 历史文化村镇保护评价体系及方法研究——以中国首批历史文化名镇（村）为例[J]. 地理科学，2006，26(4)：497-505.

[33]赵勇，张捷，卢松，等. 历史文化村镇评价指标体系的再研究——以第二批中国历史文化名镇（名村）为例[J]. 建筑学报，2008 (3)：64-69.

[34]赵勇，刘泽华，张捷. 历史文化村镇保护预警及方法研究——以周庄历史文化名镇为例[J]. 建筑学报，2008 (12)：24-28.

[35]邵甬，付娟娟. 以价值为基础的历史文化村镇综合评价研究[J]. 城市规划，2012，2：82-88.

[36]赵晶，赵婧. 历史文化村镇普查及筛选方式研究——以河北省井陉县为例[J]. 安徽农业科学，2011，14：8572-8575.

[37]胡海胜，王林. 中国历史文化名镇名村空间结构分析[J]. 地理与地理信息科学，2008，3：109-112.

[38]曾原，戴世萤. 边疆地区历史文化名镇的保护、开发与利用研究——以云南省禄丰县黑井镇为例[J]. 思想战线，2003，4：60-65.

[39]韦峰，徐维波. 基于特色文化保护与传承的历史文化名镇更新设计——以开封朱仙镇为例[J]. 现代城市研究，2014，6：37-45.

[40]罗哲文. 我国历史小城镇(包括村寨)的保护发展与建设之管见——兼谈有中国特色的小城镇保护发展与建设问题[J]. 小城镇建设，2006，9：20-24.

[41]戴彦，李云燕. 历史文化名镇保护机制的再认识——重庆市首批历史文化名镇保护十年回顾与总结[J]. 新建筑，2013，4：132-135.

[42]过文魁，薛诗清，刘树斌，等. 旅游转型期古镇交通协同研究——以乌镇为例[J]. 2016 年中国城市交通规划年会论文集，2016.

[43]邵云，许红. 乌镇：历史长河中的璀璨遗珠[J]. 文化交流，2015，7：26-29.

[44] 鲁史镇人民政府. 风庆县史志办公室鲁史镇志[M]. 临沧地区印刷有限责任公司，2001.

[45]鲁史镇人民政府. 云南省临沧凤庆县鲁史镇数字乡村——新农村建设信息网[DB/OL]. http：//ynszxc. gov. cn/S1/S1540/S1553/S1555/C17361/DV/20150921/4763146. shtml.（2015-09-21）.

[46]李明.“茶马古道”与鲁史古镇文化底蕴[J]. 广东茶业，2008(4)：50-53.

[47]鲁史古镇和茶马古道的保护[DB/OL]. http：//www. ynszxc. gov. cn/model/ShowDocument. aspx? D，2012-9-21.

[48]杨茂芳. 挖断山与勐氏石城[J]. 丝绸之路，2012(19)：35-37.

[49]中国交通报. 云南小湾漭街渡大桥通车[N]. 中外公路，2009-01-02.

[50]许文舟. 鲁史古镇民间舞[DB/OL]. http：//blog. sina. com. cn/s/blog _ 492781430100070b. html. 2006-11-22.

[51]魏超杰. 娲皇宫文物保护单位保护规划研究[D]. 邯郸：河北工程大学，2013.

[52]张艳玲. 历史文化村镇评价体系研究[D]. 广州：华南理工大学，2011.

[53]孙珊. 武汉市历史建筑保护研究[D]. 武汉：华中科技大学，2008.

[54]解文姝. 首批非物质文化遗产代表作名录的申报与评定[J]. 艺海，2006(5)：38-41.

[55]罗微，张天漫，韩泽华. 2013 年度中国非物质文化遗产保护研究报告[J]. 艺术评论，2013-38-44.

[56]曹志琴. 鲁史古镇[DB/OL]. http：//blog. sina. com. cn/s/blog _ b3e354530102vf7m. ht，2015-1-11.

[57]许文舟. 石佛地[J]. 中华文化画报，2013(11)：102-109.

[58] 鲍雁琳. 做豆腐熬酱油小作坊里美食[DB/OL]. http：//www. ynfqxw. com/news/shms/2013/0930/22810. ht. 2013-9-30.

[59]李新，王琴，邹法俊，等. 信阳市生态环境问题现状与保护对策研究[J]. 信阳农业高等专科学校学报，2002 (3)：16-17.

附　表

附表1　鲁史古镇列入文物保护单位的文物古迹一览表

序号	类别	名称	时代	地址	概况	保护等级
01	古遗址	茶马古道鲁史段	元	鲁史镇金马村、沿河村、鲁史村、犀牛村	国家级文物保护单位。古道以鲁史为中心，南路由鲁史至金马、松林塘、青龙桥、新村至县城，一直南下至临沧、思茅、西双版纳，直达东南亚国家；北路经犀牛出县境，经巍山、大理，东至省城，北上丽江、西藏，直达印度等国家。据《云南通志》载，这条古驿道开辟于元成宗大德六年(1302)，距今已近七百多年的历史。至今驿道上驮运货物的骡马仍络绎不绝。茶马古道鲁史段是以马帮为主要交通工具的民间国际商贸通道，是中国西南民族经济文化交流的走廊。 鲁史茶马古道楼梯街段长266m，宽4m，中间为长方形石板，两边铺垫石头，有些石头还遗留着当年的马蹄印。滇西茶马古道鲁史古镇段从楼梯街南大门的两珠百年古树中间进入古镇，绕古道北出栅子门通往犀牛渡口，是至今保存较为完整的茶马古道过境段。鲁史楼梯街保留了茶马古道的历史风貌，成为鲁史古镇过去商来贾往繁华历史的有力见证，对研究茶马古道的历史和发展具有重要的意义	国家级
02	古建筑	阿鲁司官衙旧址	明万历二十六年(1598)	鲁史镇鲁史村	国家级文物保护单位。是明代顺宁府设在夹江地区的行政管理机构。旧址坐南朝北，土木结构，正房为三重檐歇山顶瓦屋面建筑，高7.2m，东西两厢房为两重檐檐歇山顶瓦屋面建筑，占地面积615.75m^2，建筑面积934.64m^2，整个院落保存完整，对研究明代的建筑风格和模式具有一定的历史价值和意义	国家级
03	古建筑	鲁史兴隆寺大殿	清	鲁史镇鲁史村	国家级文物保护单位鲁史兴隆寺原有大小殿堂十余间，分别为两进、三殿、六个天井。现仅存大殿殿，其余殿已毁。大殿面阔为11.8m，占地面积129.8m^2，为单檐歇山顶土木结构，前檐有斗拱，其余三面封闭。大殿屋檐雕龙刻凤，墙壁绘有花鸟虫草、八仙等图案，是江北地区规模最大，建筑最宏伟的佛教建筑。鲁史兴隆寺于2006年6月被临沧市人民政府公布为市级文物保护单位	国家级

续表

序号	类别	名称	时代	地址	概况	保护等级
04	古建筑	犀牛太平寺	清	鲁史镇东北方15km处的犀牛街	国家级文物保护单位。始建于清道光七年(1827年)，光绪九年(1883年)重修，距今有180多年历史。原占地面积12934m²，现仅存钟鼓楼，其余殿堂已毁，土木结构，飞檐、斗拱、翼角式建筑，是江北地区茶马古驿道上第二大寺观。2006年被临沧市人民政府公布为市级文物保护单位	国家级
05	古建筑	鲁史文魁阁	清末	鲁史镇南屏街正南山脊上	国家级文物保护单位。阁楼为正方形三层塔式，土木结构建筑，阁高10m，3层，飞檐翘角。占地面积50.41m²，面阔7.1m，进深7.1m，建筑面积86.82m²。文魁阁具有一定的历史价值和艺术价值，也是鲁史文化和教育事业发展的标志，明清时代科举场中，鲁史就有一批秀才、举人、进士出现。2006年6月文魁阁被临沧市人民政府公布为市级文物保护单位	国家级
06	近现代重要史迹及代表性建筑	骆英才大院	近现代	鲁史镇楼梯街	国家级文物保护单位。大院占地面积244.32m²，建筑面积358.4m²，坐落于鲁史古镇楼梯街以东，土木结构，布局为四合五天井，走马转阁楼，整座建筑保持了四合院的特色，街面一侧依阶梯地势建成楼阁式建筑。大院有大小房子5幢34间，因建时地基坡度较大，而骆家要求建成四合院，而且要间间相通，因此就建成了走马转阁楼。庭院布局合理，大门为券顶门，造型别致，整个宅院外观十分气派，在鲁史镇四合院落中独具一格，是研究云南地区民居木结构建筑的珍贵实物例证	国家级
07	近现代重要史迹及代表性建筑	鲁史戏楼	近现代	鲁史古镇中心四方街	国家级文物保护单位。戏楼坐南朝北，土木结构，阁楼式一楼一底歇山青瓦顶。占地面积113.22m²，建筑面积226.44m²。戏楼是鲁史古镇文化发展历史的见证，当年茶马古道繁华热闹，四方商贾云集，当时的鲁史街乡绅甘遇春热心公益事业，戏楼就是在他的带头捐资下建成的。落成时邀滇戏“玉和帮”首演，观众上千人，连续演唱数十场	国家级
08	中国传统村落	塘房古村落	清	鲁史镇沿河村委会	国家级文物保护单位。2006年12月被临沧市委宣传部、文明办授予“十大最美村寨”；2014年鲁史古镇沿河塘房村被列为国家级传统村落；2015年被临沧市授予市级文明村；这是一个承载滇西茶马古道700年历史的村庄，村内农户38户，以石头著名，石头是塘房的财富	国家级
09	近现代重要史迹及代表性建筑	宗师华大院	近现代	鲁史镇楼梯街西侧	市级文物保护单位。院落布局为三房一照壁，土木结构。占地面积412.1m²，建筑面积619.6m²。整座院落保存完好，正房西侧设一照壁，绘有彩画图案；下设花台，并雕刻有鲤鱼跳龙门、喜鹊、蝙蝠等代表祈福吉祥的精美图案；东厢房山墙绘有龙凤、福字图案，院门造型独特，图案丰富，雕刻精美，具有较高的建筑历史价值和艺术价值	市级

续表

序号	类别	名称	时代	地址	概况	保护等级
10	近现代重要史迹及代表性建筑	鲁史甘家大院	近现代	鲁史古镇东北角栅子门	市级文物保护单位。整座宅院占地面积525m²，建筑面积672.4m²。院落布局为印状四合院，土木结构，设正房，东西两厢房和厅房，西山耳房。在院子的东西厢房后设照壁花园各一个正房两厢为二重檐；厅房为单檐歇山顶；西厢房前有一大照壁，高5.7m，宽8.6m，墙体厚0.68m。甘家大院是鲁史古镇的特色民居之一，具有丰富的文化内涵，是研究云南地区明清民居木结构建筑的珍贵实物例证	市级
11	近现代重要史迹及代表性建筑	鲁史李家大院	近现代	鲁史镇楼梯街东侧	市级文物保护单位。大院占地面积320.3m²，建筑面积235.8m²。院落为三合院布局，土木结构。现存正房，东厢房，大门、厅房已拆除，仅存残墙。正房二楼设神龛，神龛中间设有天地牌位，两侧分别设有祖先牌位和五神牌位，神龛木雕构件图案精美，已有百年历史，具有较高的历史价值和艺术价值	市级
12	古建筑	鲁史古井	明	鲁史街西侧	县级文物保护单位。古井坐西向东，南北两侧立有具明显明代风格的圆雕石狮。井口正面有台阶通向井底，水从井底分左、中、右三股向上喷涌，每当月夜，月光照射到井内，可以看见晶莹的水柱和水花从井底喷出。大水井水质清澈，夏不涨冬不枯，常年如此。自来水未入户前，古镇大部分人、畜饮水都靠此井，对鲁史古镇居民生活和鲁史古镇的发展起着重要的意义	县级
13	近现代重要史迹及代表性建筑	鲁史张家大院	近现代	鲁史镇鲁史村黄家巷	县级文物保护单位。大院坐南朝北，由正房、西厢房和厅房组成。厅房西屋为大门，门头结构为木质孔雕，古典精致，具有极高的艺术价值	县级
14	近现代重要史迹及代表性建筑	吴广林烈士纪念碑	近现代	鲁史镇沿河村黑山门	纪念碑碑体用青石嵌入地面，纪念碑有主体和基座组成，主体长1m高2m宽1m，基座高60cm，宽2.6m，呈阶梯式三台上升，正面用青白色大理石刻写碑文嵌入青石，主体以青白二色为主，展示了烈士英勇无畏、刚正不阿和大公无私的光辉形象。2004年12月2日，吴光林同志被云南省人民政府批准为“革命烈士”，并追授“缉毒英雄”荣誉称号。12月6日，共青团中央、公安部追授吴光林同志“中国杰出青年卫士”荣誉称号。12月21日，公安部追授吴光林同志“全国公安系统一级英雄模范”荣誉称号	县级
合计：文物保护单位共7处，其中国家级1处，涉及序号2~8共7个点，市级3处，县级3处。						

附表 2　鲁史古镇区古树名木登记表

序号	树名	树龄	位置	胸径/cm	树高/m	冠幅		特点	经纬度	
						东西/m	南北/m		北纬	东经
01	沙朴树	300年以上	下平街与汤浩家中间的路上	150	18	15	17	长势不好	24°50′57.7″	099°59′81.0″
02	沙朴树	300年以上	吴钱学家房后15m	160	12	14	16	长势旺盛	24°50′56.3″	099°59′78.5″
03	沙朴树	300年以上	吴钱学家房后25m	180	15	16	18	长势旺盛	24°50′49.6″	099°59′68.4″
04	大叶榕	300年以上	下平街洼子田小组27号陈学昌家门口	100	7	14	6	长势差	24°50′56.0″	099°59′80.1″
05	沙朴树	300年以上	乐廷兰家房后院子里面	160	15	5	10	长势旺盛	24°50′58.0″	099°59′89.4″
06	大叶榕	300年以上	吕富昌家门后10m	120	13	6	9	长势旺盛	24°50′58.4″	099°59′82.4″
07	沙朴树	300年以上	吴钱学家房后13m	140	11	8	10	长势旺盛	24°50′58.5″	099°59′82.8″
08	沙朴树	300年以上	张东金家门后往右15m	110	9	7	12	长势旺盛	24°50′59.0″	099°59′54.1″
09	沙朴树	300年以上	张东金家门后往右10m	120	13	8	9	长势旺盛	24°50′59.5″	099°59′55.2″
10	沙朴树	300年以上	乐廷忠家门后	130	15	7	9	长势旺盛	24°50′59.3″	099°59′85.9″
11	沙朴树	300年以上	乐廷忠家门后	180	17	13	15	长势旺盛	24°50′59.2″	099°59′85.7″
12	沙朴树	300年以上	字先荣家门后	150	15	15	17	长势旺盛	24°50′58.9″	099°59′87.0″
13	沙朴树	300年以上	字先荣家门后	60	10	14	16	长势旺盛	24°50′59.2″	099°59′87.3″
14	沙朴树	300年以上	字先荣家门后	80	12	6	8	长势旺盛	24°50′58.9″	099°59′87.6″
15	大叶榕	300年以上	字先荣家门后	80	12	5	7	长势差	24°50′58.8″	099°59′87.5″
16	柏木树	300年以上	栅子门小组25号北面空地	350	30	15	17	长势良好	24°50′47.6″	099°59′53.5″
17	柏木树	300年以上	栅子门小组25号北面空地	350	30	14	16	长势良好	24°50′47.8″	099°59′50.6″

附表 3　鲁史非物质文化传承人一览表

<table>
<tr><th>序号</th><th>传承项目</th><th>传承人姓名</th><th>传承人年龄</th><th>传承人性别</th><th>所在村寨</th><th>传承人级别</th><th>传承时间</th></tr>
<tr><td>01</td><td>豆腐</td><td>张尚珍</td><td>64 岁</td><td>女</td><td>鲁史镇鲁史村</td><td>县级</td><td>400 多年</td></tr>
<tr><td>02</td><td>豆豉</td><td>陈寿美</td><td>73 岁</td><td>女</td><td>鲁史镇鲁史村</td><td>县级</td><td>400 多年</td></tr>
<tr><td rowspan="2">03</td><td rowspan="2">酱油</td><td>字维俊</td><td>74 岁</td><td>男</td><td rowspan="2">鲁史镇鲁史村</td><td rowspan="2">市级</td><td rowspan="2">420 年</td></tr>
<tr><td>李玉兰</td><td>70 岁</td><td>女</td></tr>
<tr><td>04</td><td>火腿</td><td>杨天容</td><td>61 岁</td><td>男</td><td>鲁史镇鲁史村</td><td>县级</td><td>400 多年</td></tr>
<tr><td>05</td><td>芙蓉糕</td><td>杜浩兰</td><td>85 岁</td><td>女</td><td>鲁史镇鲁史村</td><td>县级</td><td>400 多年</td></tr>
<tr><td>06</td><td>刺绣、剪纸</td><td>何沽菊</td><td>77 岁</td><td>女</td><td>鲁史镇鲁史村</td><td>县级</td><td>300 多年</td></tr>
<tr><td>07</td><td>唢呐</td><td>字国安</td><td>50 岁</td><td>男</td><td>鲁史镇鲁史村</td><td>县级</td><td>300 多年</td></tr>
<tr><td rowspan="2">08</td><td rowspan="2">打击乐</td><td>字应忠</td><td>81 岁</td><td>男</td><td rowspan="2">鲁史镇鲁史村</td><td rowspan="2">县级</td><td rowspan="2">300 多年</td></tr>
<tr><td>宗心祥</td><td>68 岁</td><td>男</td></tr>
<tr><td rowspan="2">09</td><td rowspan="2">管弦乐</td><td>杨凤鸣</td><td>52 岁</td><td>男</td><td rowspan="2">鲁史镇鲁史村</td><td rowspan="2">县级</td><td rowspan="2">300 多年</td></tr>
<tr><td>张维祥</td><td>55 岁</td><td>男</td></tr>
<tr><td rowspan="3">10</td><td rowspan="3">书画</td><td>曹志中</td><td>51 岁</td><td>男</td><td rowspan="3">鲁史镇鲁史村</td><td rowspan="3">县级</td><td rowspan="3">300 多年</td></tr>
<tr><td>字正杨</td><td>68 岁</td><td>男</td></tr>
<tr><td>杨武光</td><td>53 岁</td><td>男</td></tr>
<tr><td>11</td><td>棋艺</td><td>王卫康</td><td>80 岁</td><td>男</td><td>鲁史镇鲁史村</td><td>县级</td><td>200 多年</td></tr>
<tr><td>12</td><td>道师</td><td>杨旭东</td><td>70 岁</td><td>男</td><td>鲁史镇鲁史村</td><td>县级</td><td>300 多年</td></tr>
<tr><td>13</td><td>文献资料保存者</td><td>曹现舟</td><td>72 岁</td><td>男</td><td>鲁史镇鲁史村曹家窝</td><td>县级</td><td>50 多年</td></tr>
<tr><td rowspan="3">14</td><td rowspan="3">木匠</td><td>黄仁英</td><td>75 岁</td><td>男</td><td rowspan="3">鲁史镇鲁史村</td><td rowspan="3">县级</td><td rowspan="3">400 多年</td></tr>
<tr><td>杨玉光</td><td>68 岁</td><td>男</td></tr>
<tr><td>字永年</td><td>71 岁</td><td>男</td></tr>
</table>

附表 4　鲁史古镇非物质文化遗产及各级保护名录一览表

序号	保护名单	遗产类别	遗产级别
01	毛健的传说	民间文学	市级
02	鲁史古镇文化保护区	传统文化保护区	市级
03	献大勐神	民俗	县级
04	彝族山歌	传统音乐	县级
05	打歌	传统舞蹈	县级
06	要龙灯	民俗	市级
07	大尖山庙会	民俗	县级

图纸目录

区位图

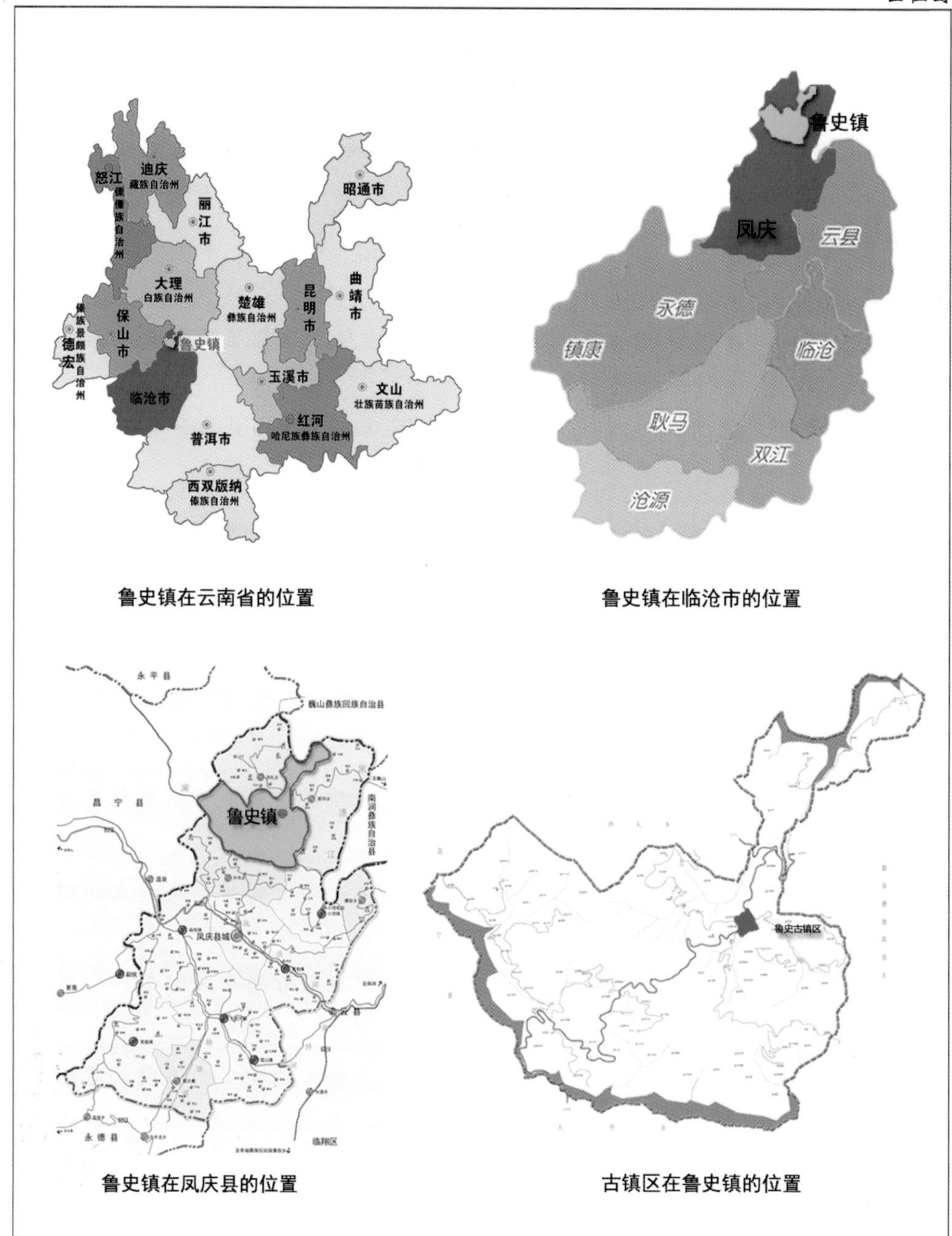

鲁史镇在云南省的位置

鲁史镇在临沧市的位置

鲁史镇在凤庆县的位置

古镇区在鲁史镇的位置

鲁史镇位于云南省临沧市凤庆县东北部，地理位置为北纬24°44′～24°58′，东经99°54′～100°06′，地处澜沧江与黑惠江两江之狭，东邻新华乡，南与大寺乡、小湾镇隔江相望，西与保山市昌宁县耇街镇相接壤，北与诗礼乡毗邻，以黑惠江与大理市巍山县为界，是凤庆县江北片区的经济、文化中心及交通枢纽。

鲁史历史文化名镇保护规划

古镇格局风貌和历史街巷、环境要素现状图

N

0 100m

50

综合加工厂

至金鸡

至凤庆

至沿河

董家巷

十字巷

下平街

曾家巷

黄家巷

上平街

四方街广场

骆家巷

楼梯街

杨家巷

魁阁巷

黄家巷 十字巷 骆家巷 曾家巷 董家巷 杨家巷 魁阁巷

上平街 下平街 楼梯街 四方街广场 引马石 风水门 徐霞客碑 影壁

告示 石狮子 染布墩

图例

古戏台 影壁 石板铺地 核心保护区边界

古井 风水门 石狮子 建设控制地带边界

古树名木 告示 引马石 水域

徐霞客碑 染布墩 道路 传统街巷空间

建筑肌理

鲁史历史文化名镇保护规划

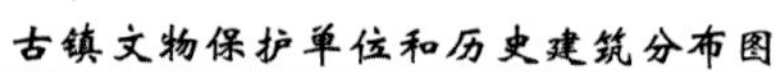

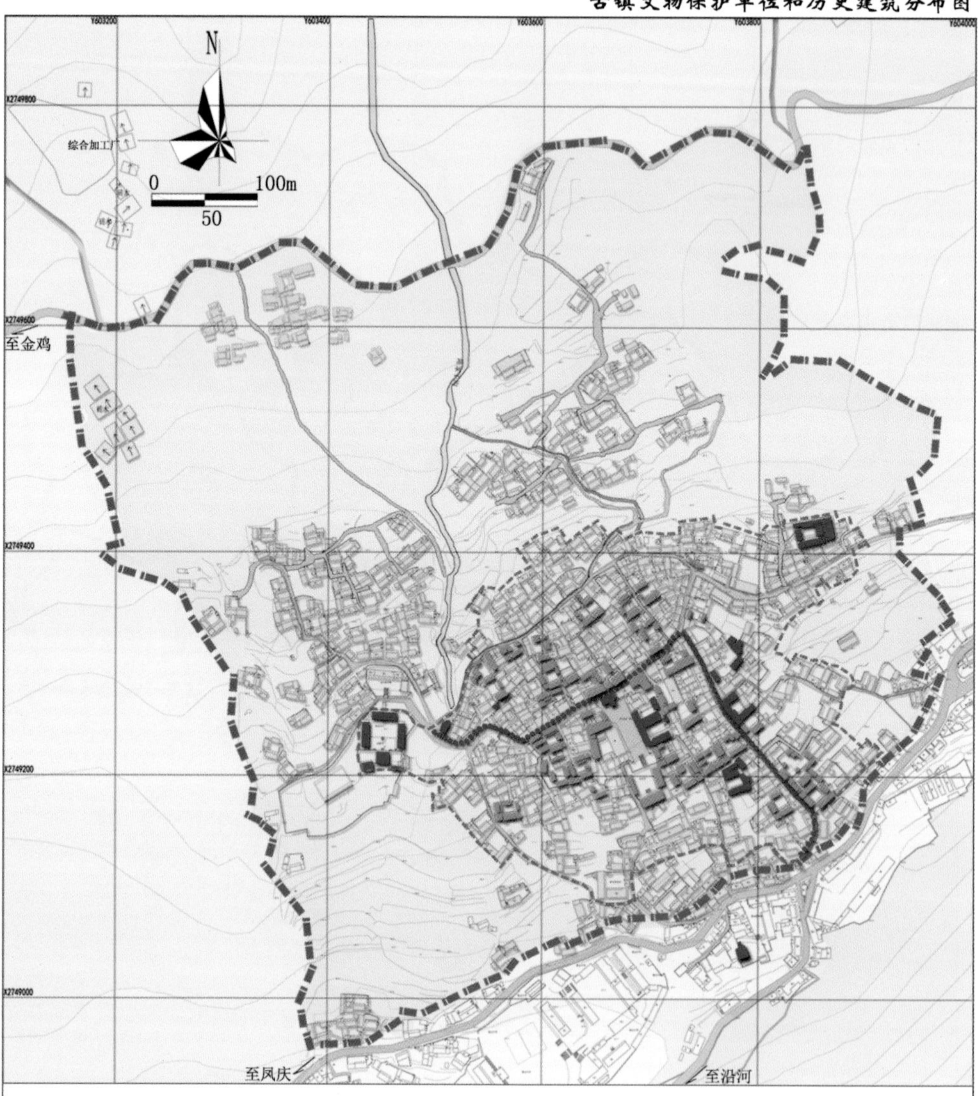

古镇文物保护单位及历史建筑统计表		
建筑价值类型	文物保护单位	历史建筑
数量（院落）	14	42
占地面积（m²）	3290.1	15912.6
建筑面积（m²）	4314.8	17065.7
占规划区总用地面积比例（%）	2.68	13.00
占规划区总建筑面积比例（%）	3.23	12.79

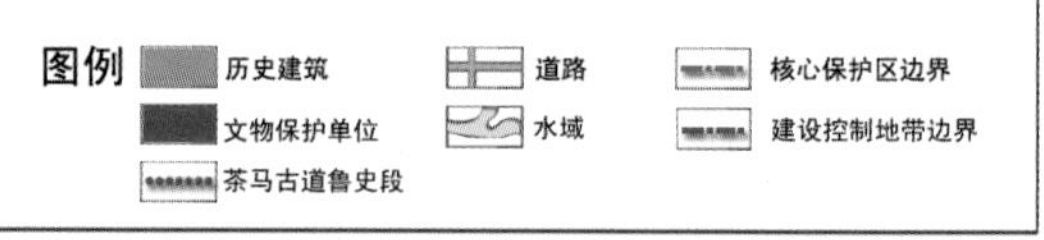

鲁史历史文化名镇保护规划

古镇建筑风貌图

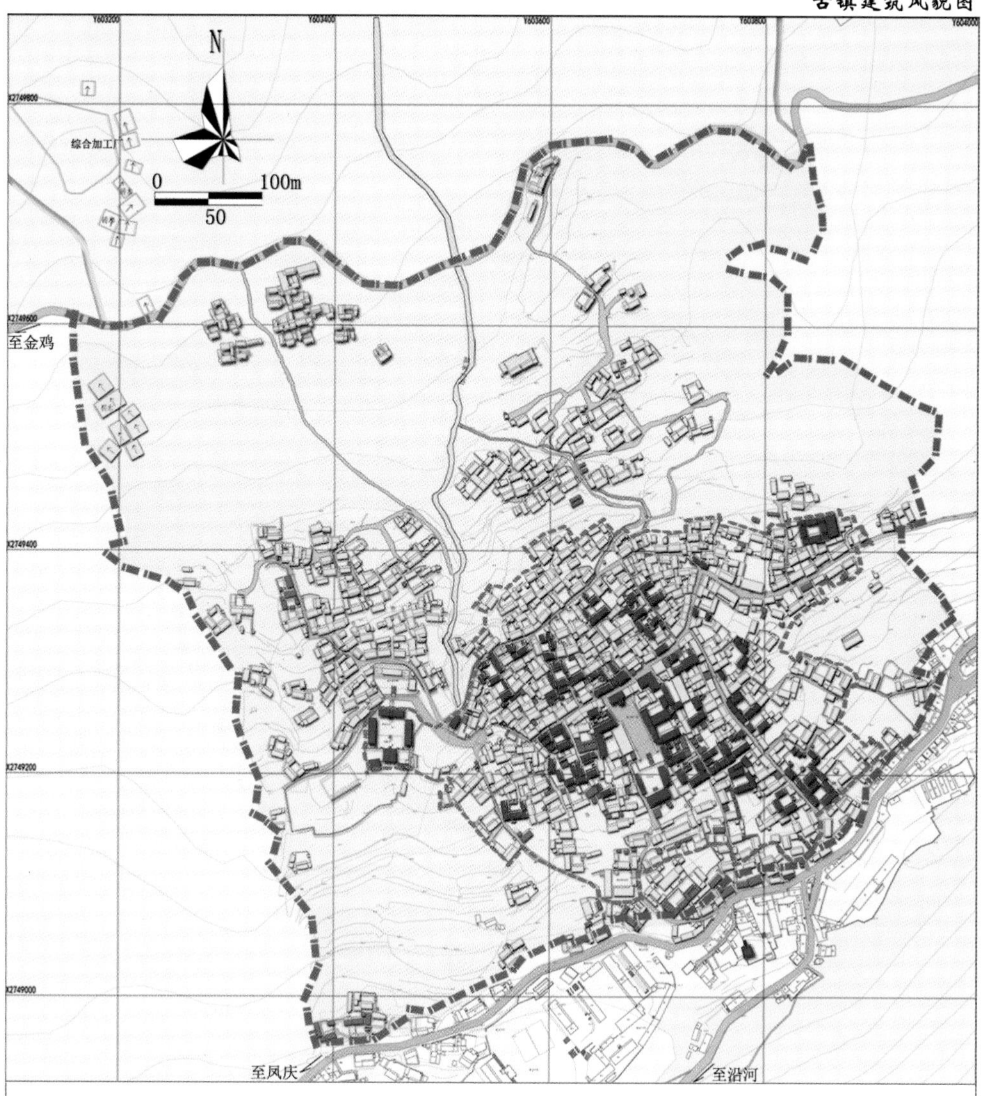

建筑风貌统计表									
等级	格局	构件	细部	空间组合	材料	占地面积（m²）	建筑面积（m²）	比例/%	院落/个
好	格局完整，保存完好（无搭建）	大量月梁、斗拱、卷杀等上面有精美雕花	较多	院落完整U、口、两院	结构：木材 墙：木、砖、基 门窗：木	24481.5	32345.6	占地：19.08 建筑：21.27	65
一般	格局部分损坏或有搭建，能辨认出原貌	仅有主要房屋局部有精美雕花	少量	简单院落L或=	结构：木材 墙：砖 门窗：合金、木	78048.3	88259.4	占地：60.81 建筑：58.05	287
差	格局已基本破坏或搭建严重，不可辨认原貌。完全用现代材料新建。	没有雕花	无	无院落	结构：砖或混凝土 墙：砖 门窗：合金	26219.5	29764.9	占地：20.43 建筑：19.58	59

图例

建筑风貌好

建筑风貌一般

建筑风貌差

道路

水域

核心保护区边界

建设控制地带边界

鲁史历史文化名镇保护规划

古镇建筑年代图

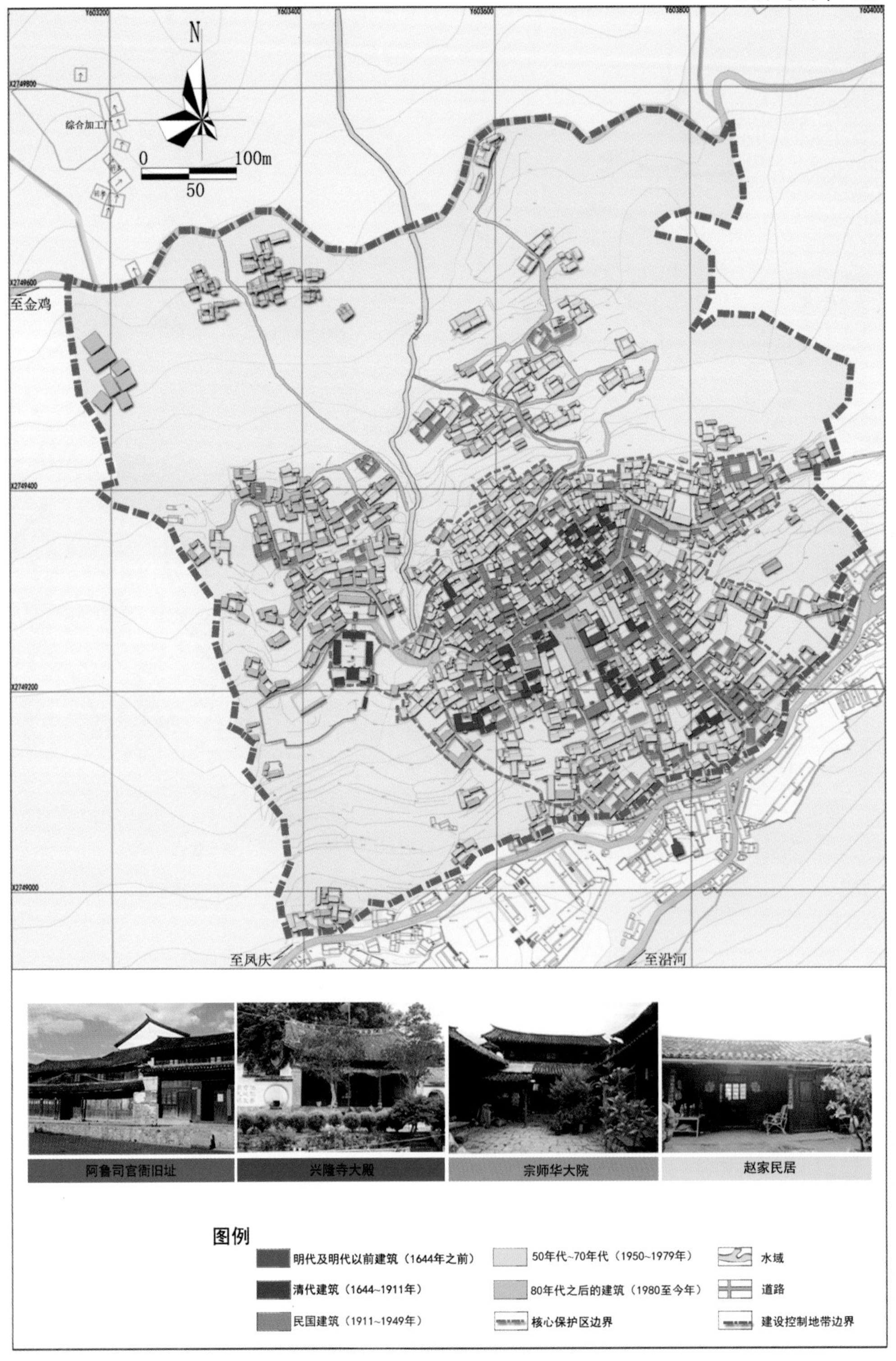

鲁史历史文化名镇保护规划

古镇保护区划图

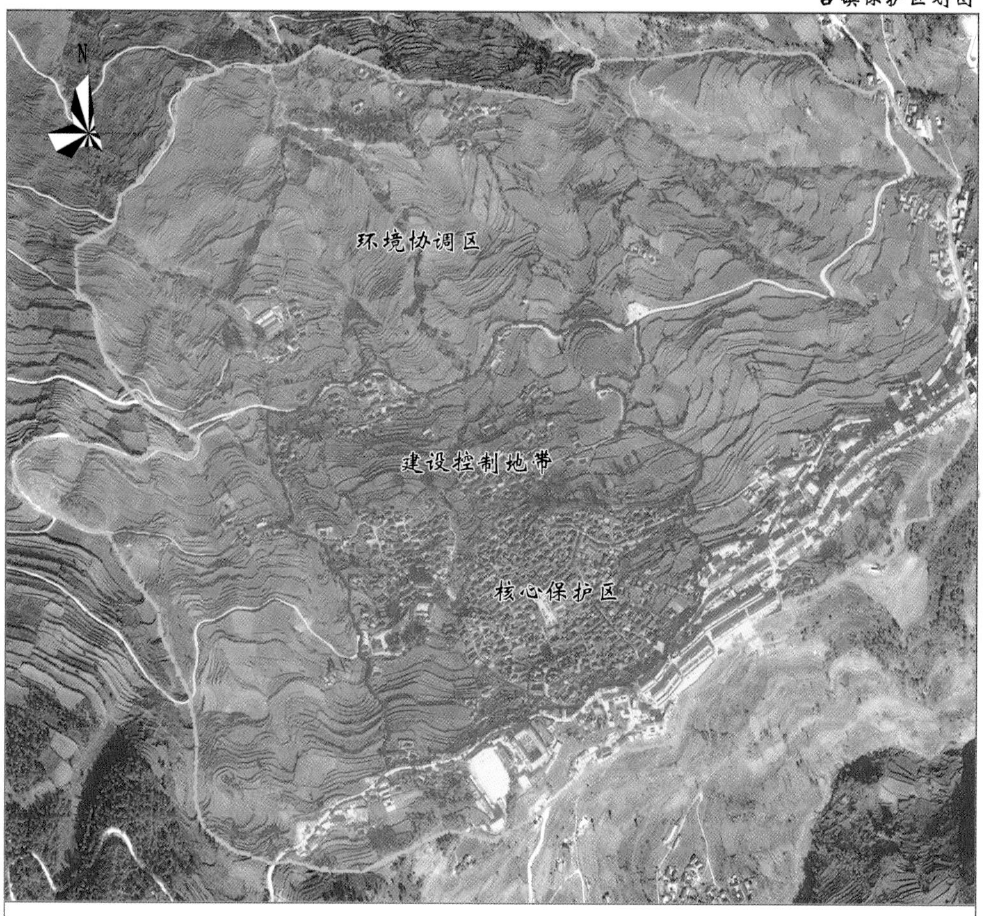

核心保护区：北到古树林片区，南至凤鲁公路向北后退10m，西到大水井，东至下平街与凤鲁公路交叉处。包括“三街七巷一广场”、文物保护单位、历史建筑群、传统风貌建筑群等街巷空间和村落建筑。主要有：四方街、楼梯街、上平街、下平街、十字巷、魁阁巷、杨家巷、骆家巷、董家巷、黄家巷、曾家巷、兴隆寺、古戏楼、阿鲁司官衙旧址、文魁阁、甘家大院、骆家大院、宗家大院、川黔会馆、字家大院等。这一区域能真实的反映出鲁史古镇历史文化风貌，面积约为10.41hm²。

建设控制地带：古镇核心保护区范围线以外至古镇范围界线，即东面以栅子门外茶春明户住宅往北接凤鲁公路北侧10m，往南接金鸡公路；南沿凤鲁公路北侧外10m；西以毕士维户住宅后洼子往北至凤鲁公路下张正元户住宅，北至金鸡公路，面积为42.88hm²。

环境协调区：建设控制地带界线以外，北至鲁史村委会下村北侧公路，南至云盘山山脊线，东至古镇区入口斜下沿河谷至下村北侧公路，往北至云盘山山脊线，西至香石洞岭岗往南至下村西北侧公路，往北至凤鲁公路。

图例

核心保护区范围边界		核心保护区范围	
建设控制地带范围边界		建设控制地带范围	
环境协调区范围边界		环境协调区范围	

鲁史历史文化名镇保护规划

古镇保护结构图

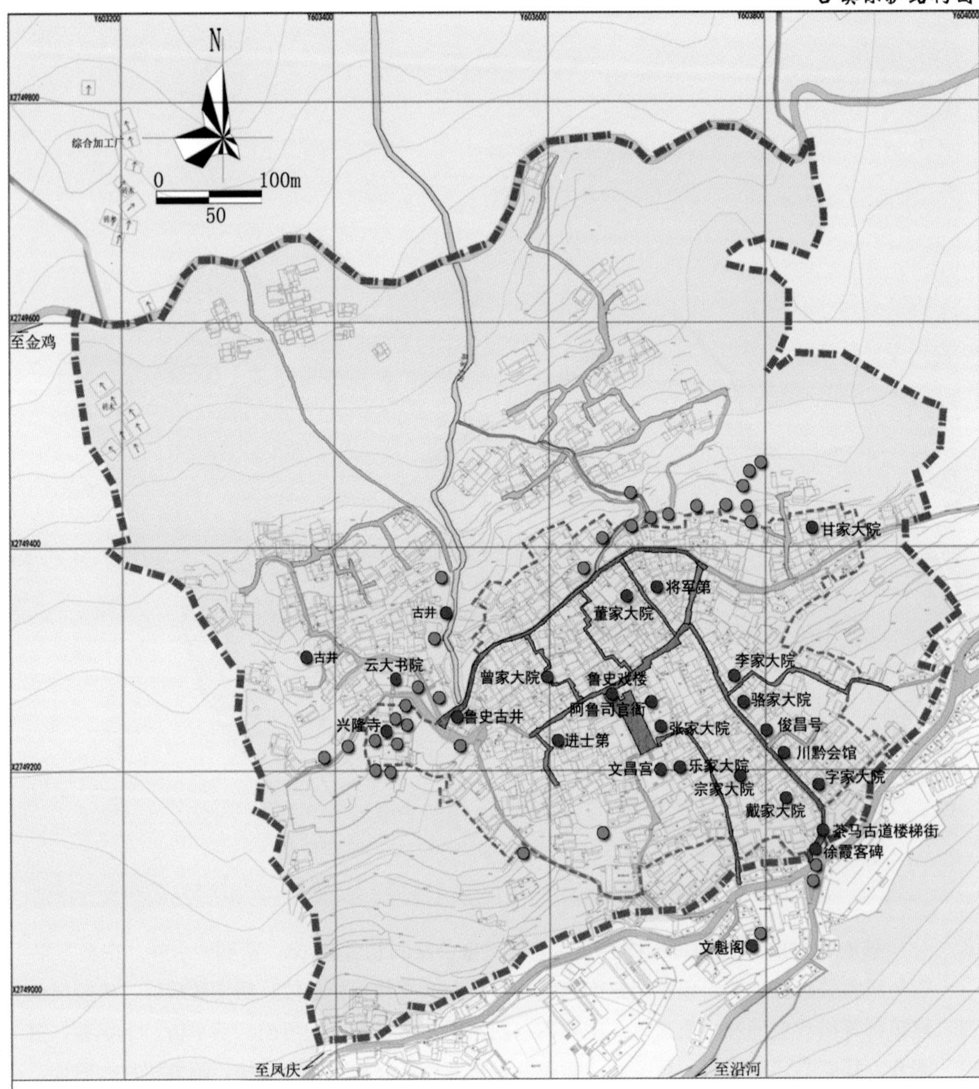

保护结构："三街、七巷、一广场、多节点"

三街——茶马古道楼梯街、上平街、下平街；

七巷——曾家巷、黄家巷、董家巷、十字巷、杨家巷、骆家巷、魁阁巷；

一广场——四方街广场；

点——历史文化景观，包括阿鲁司官衙、鲁史戏楼、文魁阁、兴隆寺、鲁史古井、宗家大院、骆家大院、张家大院、甘家大院、李家大院、曾家大院、董家大院、戴家大院、川黔会馆、"俊昌号"商号、古树等。

图例

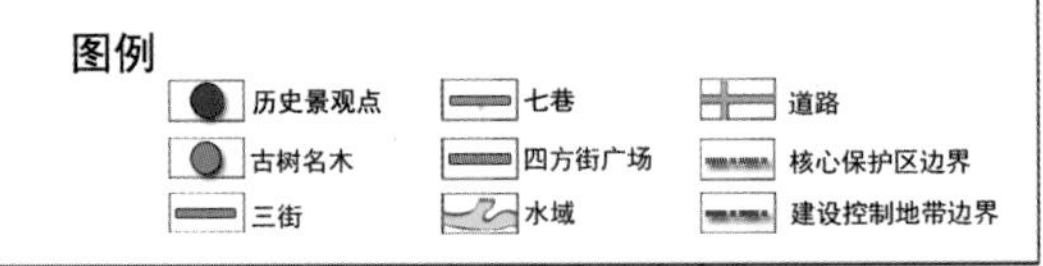

鲁史历史文化名镇保护规划

古镇建筑分类保护规划图

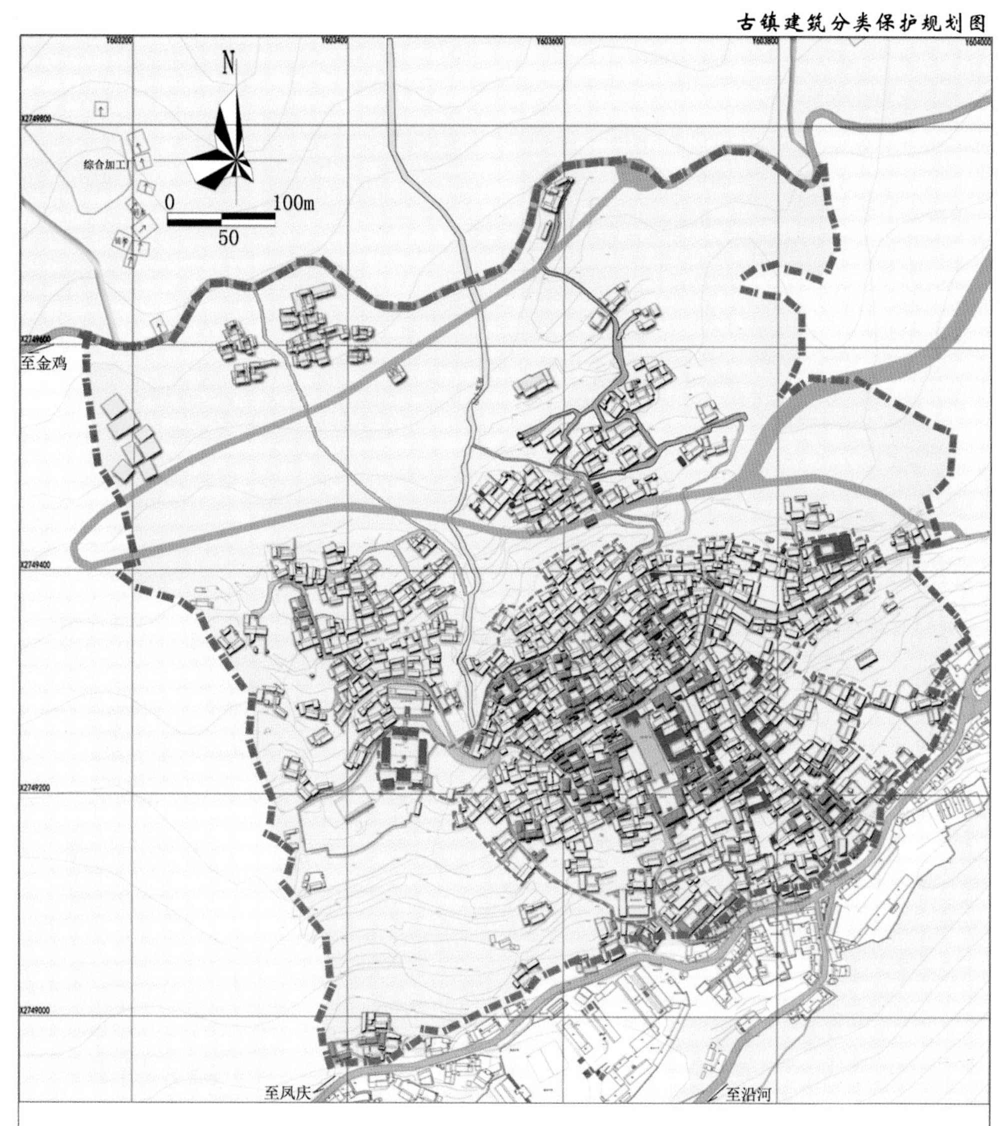

建筑分类保护表					
	保护类建筑	修缮类建筑	改善类建筑	保留类建筑	整治改造类建筑
占地面积／m²	3290.1	15912.6	95831.1	7353.2	2671.5
建筑面积／m²	4314.8	17065.7	104658.7	7447.4	3129.6
占规划区总用地面积比例/%	2.68	13	78.31	6.01	2.08
占规划区总建筑面积比例/%	3.23	12.79	78.41	5.58	2.06

图例

保护类建筑　整治改造类建筑　水域

保留类建筑　改善类建筑　道路

修缮类建筑　建设控制地带边界　核心保护区边界

鲁史历史文化名镇保护规划

古镇建筑色彩控制规划图

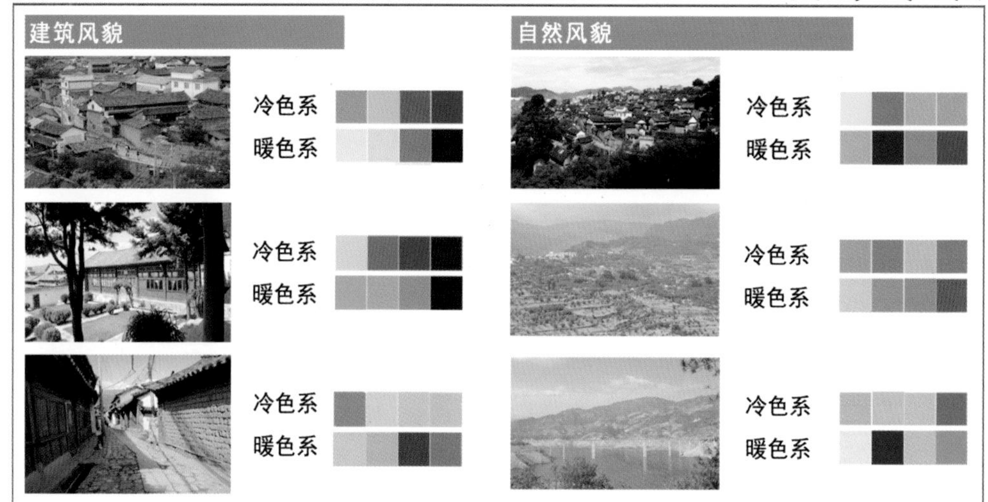

古镇区建筑色彩控制与改进

	色相	控制	色谱	控制方法	改造原则	示意图
主色调	白、灰 土黄色	建筑大面积墙面和屋顶		分类控制法（房屋类型）	对不符合规划色彩的进行调整，采用环保材料色，能够融入自然，与环境色和谐	
辅色调	原木色 红色系 深褐色	门、窗、柱、装饰线等局部小面积		分类控制法（房屋类型）		
场所色	天空蓝色 青山绿色 服饰亮色	古镇的环境色		分类控制法（房屋类型）	古镇的建筑色彩要与现状环境相协调	

主色调：建筑大面积墙面和屋顶采用相同或相近的色彩。在人的视野范围内面积最大，观看时间最长部分的颜色（白色、灰色、土黄色）。

辅色调：建筑的门、窗、柱、装饰线等局部小面积采用相同或相近的色彩，即在建筑中需重点加以点缀的颜色。其色彩在色相、亮度和饱满度上应与主色调相协调，并允许有所变化（原木色、红色系、深褐色）。

场所色：古镇的环境色。通过铺地、绿化、街道环境、民族服饰等分别采用相同或相近的颜色，使古镇色彩和环境得以协调（蓝色、绿色、亮色系）。

鲁史古镇建筑色彩规划分析

鲁史古镇是地域传统文化与艺术的展示空间，色彩规划需要尊重人文历史与生态环境，保留古镇色彩基调的延续性，呈现出建筑材料“黛瓦、白墙、木色门窗”的色彩风格。低明度色打底，高明度色点缀。

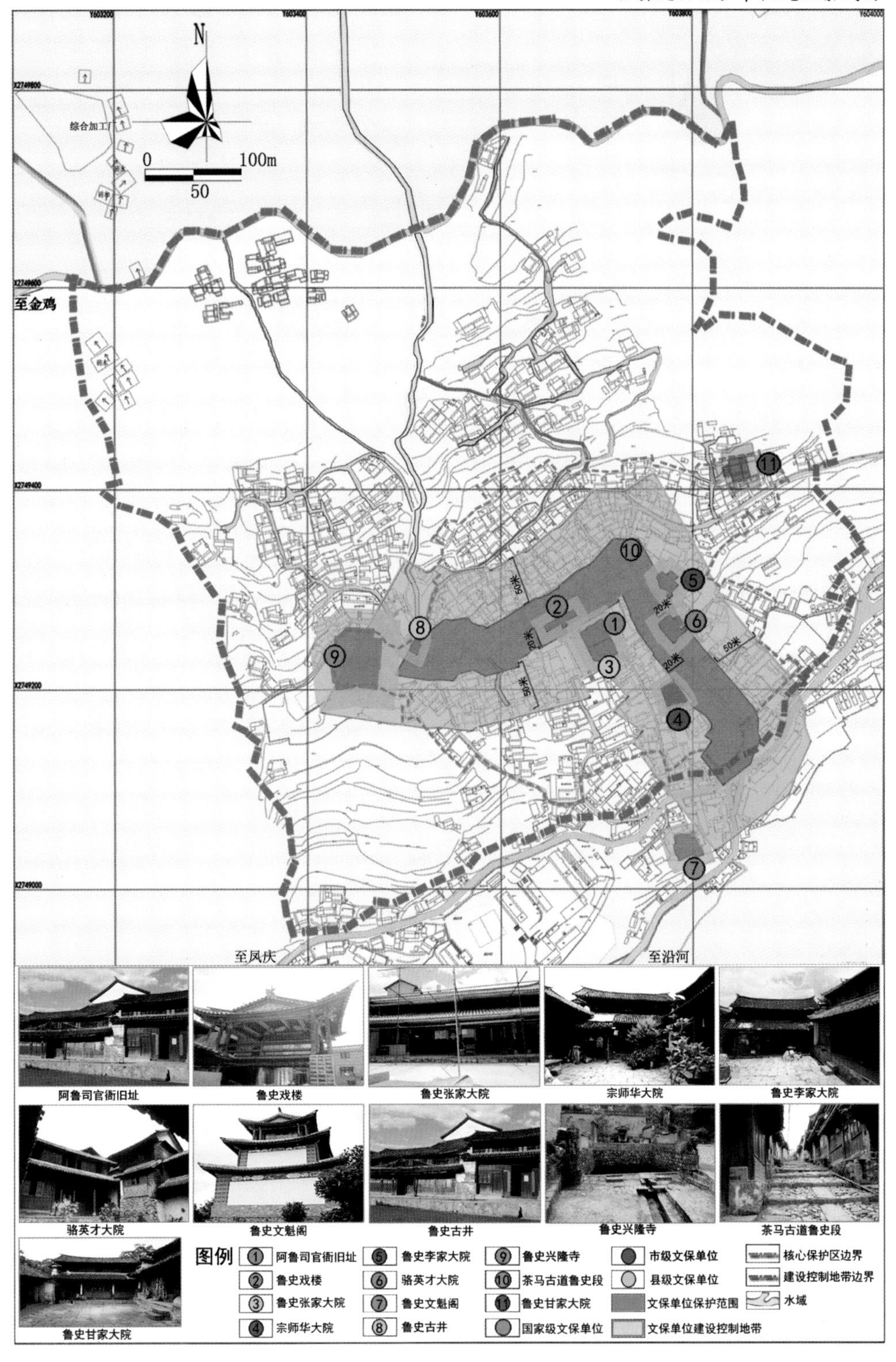
鲁史历史文化名镇保护规划
古镇文物保护单位建议紫线图
N
0
100m
50
综合加工厂
至金鸡
至凤庆
至沿河
20米
50米
阿鲁司官衙旧址
鲁史戏楼
鲁史张家大院
宗师华大院
鲁史李家大院
骆英才大院
鲁史文魁阁
鲁史古井
鲁史兴隆寺
茶马古道鲁史段
鲁史甘家大院
图例
① 阿鲁司官衙旧址
② 鲁史戏楼
③ 鲁史张家大院
④ 宗师华大院
⑤ 鲁史李家大院
⑥ 骆英才大院
⑦ 鲁史文魁阁
⑧ 鲁史古井
⑨ 鲁史兴隆寺
⑩ 茶马古道鲁史段
⑪ 鲁史甘家大院
国家级文保单位
市级文保单位
县级文保单位
文保单位保护范围
文保单位建设控制地带
核心保护区边界
建设控制地带边界
水域

鲁史历史文化名镇保护规划

古镇消防规划图

防火分区划分

古镇消防安全布局方面存在的最大问题是缺乏有效的防火隔离，因此在火灾发生的时候无法有效控制火灾的蔓延。规划参照《建筑防火设计规范》，将规划区划分为15个防火分区，防火分区由若干栋建筑组成，每个组团的总建筑面积参照规范要求进行控制。

防火分区之间设置阻燃隔离带，隔离带由道路、开敞空间、高耐火等级建筑组成。位于分区边界的建筑应提高耐火等级，形成有效的防火隔离，控制火灾蔓延速度。

阻燃建筑的做法可根据建筑的质量的实际情况可采用更换阻燃新材料、包覆防火材料、防火喷漆等多种措施，通过优化达到既提高耐火等级，又“修旧如旧”的效果。

将古镇区分为15个控制单元，并在古镇内设置消防控制室，利用安防系统进行火灾监控，工作人员发现火情时，可做好应急处理。以减少损失。

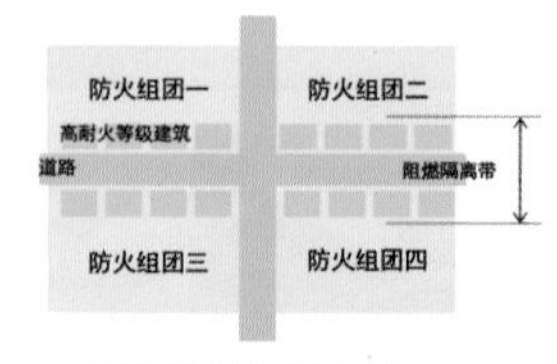

防火阻燃隔离带做法示意图

鲁史历史文化名镇保护规划

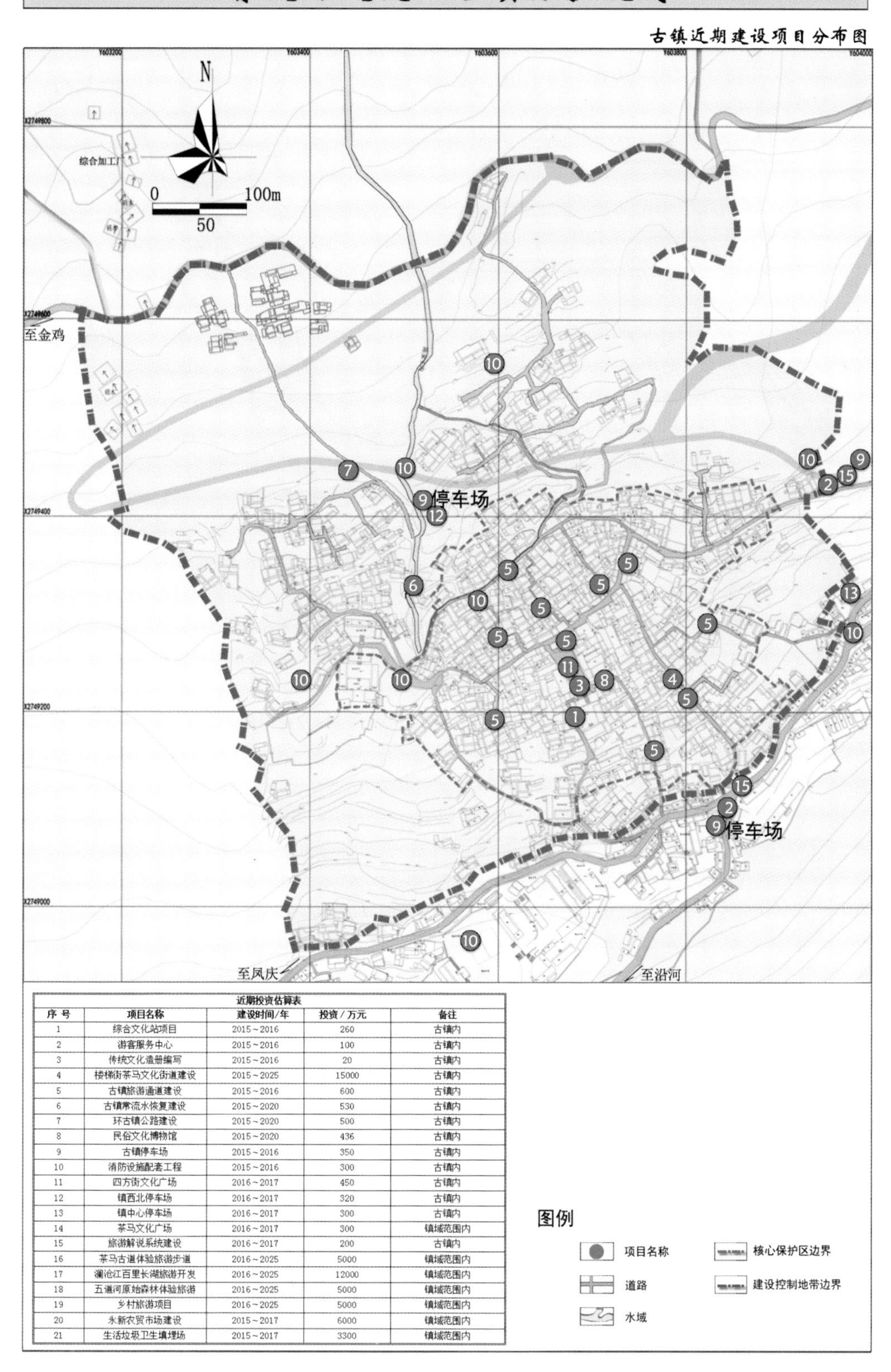

近期投资估算表

序 号	项目名称	建设时间/年	投资/万元	备注
1	综合文化站项目	2015~2016	260	古镇内
2	游客服务中心	2015~2016	100	古镇内
3	传统文化造册编写	2015~2016	20	古镇内
4	楼梯街茶马文化街道建设	2015~2025	15000	古镇内
5	古镇旅游通道建设	2015~2016	600	古镇内
6	古镇常流水恢复建设	2015~2020	530	古镇内
7	环古镇公路建设	2015~2020	500	古镇内
8	民俗文化博物馆	2015~2020	436	古镇内
9	古镇停车场	2015~2016	350	古镇内
10	消防设施配套工程	2015~2016	300	古镇内
11	四方街文化广场	2016~2017	450	古镇内
12	镇西北停车场	2016~2017	320	古镇内
13	镇中心停车场	2016~2017	300	古镇内
14	茶马文化广场	2016~2017	300	镇域范围内
15	旅游解说系统建设	2016~2017	200	古镇内
16	茶马古道体验旅游步道	2016~2025	5000	镇域范围内
17	澜沧江百里长湖旅游开发	2016~2025	12000	镇域范围内
18	五道河原始森林体验旅游	2016~2025	5000	镇域范围内
19	乡村旅游项目	2016~2025	5000	镇域范围内
20	永新农贸市场建设	2015~2017	6000	镇域范围内
21	生活垃圾卫生填埋场	2015~2017	3300	镇域范围内

鲁史历史文化名镇保护规划

镇域旅游资源分布图

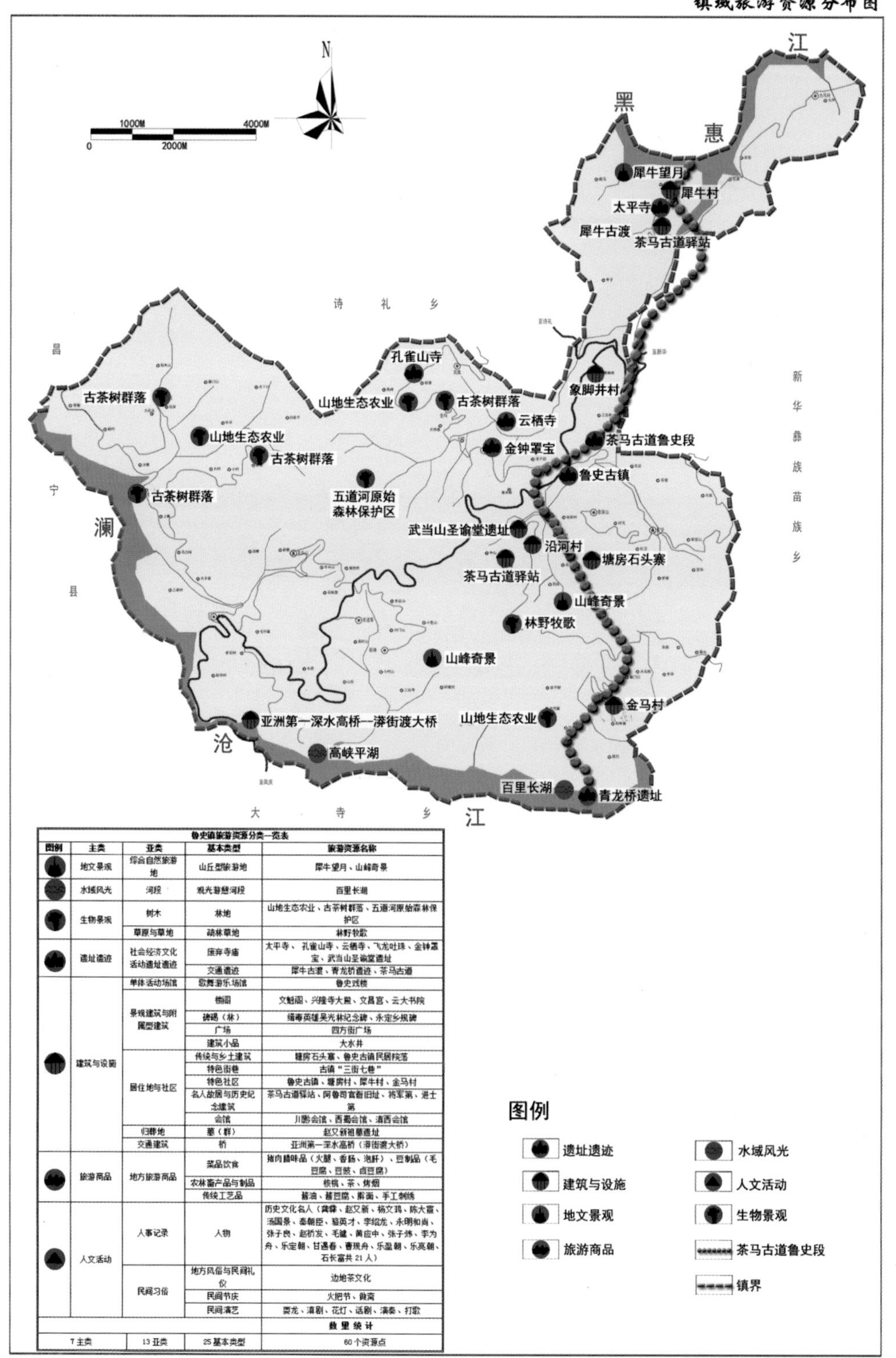

鲁史镇旅游资源分类一览表

图例	主类	亚类	基本类型	旅游资源名称
	地文景观	综合自然旅游地	山丘型旅游地	犀牛望月、山峰奇景
	水域风光	河段	观光游憩河段	百里长湖
	生物景观	树木	林地	山地生态农业、古茶树群落、五道河原始森林保护区
		草原与草地	疏林草地	林野牧歌
	遗址遗迹	社会经济文化活动遗址遗迹	废弃寺庙	太平寺、 孔雀山寺、云栖寺、飞龙吐珠、金钟罩宝、武当山圣谕堂遗址
			交通遗迹	犀牛古渡、青龙桥遗迹、茶马古道
	建筑与设施	单体活动场馆	歌舞游乐场馆	鲁史戏楼
		景观建筑与附属型建筑	楼阁	文魁阁、兴隆寺大殿、文昌宫、云大书院
			碑碣（林）	缉毒英雄吴光林纪念碑、永定乡规碑
			广场	四方街广场
			建筑小品	大水井
		居住地与社区	传统与乡土建筑	塘房石头寨、鲁史古镇民居院落
			特色街巷	古镇“三街七巷”
			特色社区	鲁史古镇、塘房村、犀牛村、金马村
			名人故居与历史纪念建筑	茶马古道驿站、阿鲁司官衙旧址、将军第、进士第
			会馆	川黔会馆、西蜀会馆、滇西会馆
		归葬地	墓（群）	赵又新祖墓遗址
		交通建筑	桥	亚洲第一深水高桥（漭街渡大桥）
	旅游商品	地方旅游商品	菜品饮食	猪肉腊味品（火腿、香肠、泡肝）、豆制品（毛豆腐、豆豉、卤豆腐）
			农林畜产品与制品	核桃、茶、烤烟
			传统工艺品	酱油、酱豆腐、挂面、手工刺绣
	人文活动	人事记录	人物	历史文化名人（龚彝、赵又新、杨文玥、陈大富、汤国景、秦朝臣、骆英才、李绍龙、永明和尚、张子良、赵桥发、毛健、黄应中、张子炜、李为舟、乐定朝、甘遇春、曹现舟、乐盈朝、乐亮朝、石长富共 21 人）
		民间习俗	地方风俗与民间礼仪	边地茶文化
			民间节庆	火把节、做斋
			民间演艺	耍龙、滇剧、花灯、话剧、滇奏、打歌
				数量统计
7 主类		13 亚类	25 基本类型	60 个资源点

鲁史历史文化名镇保护规划

镇域旅游产品分布图

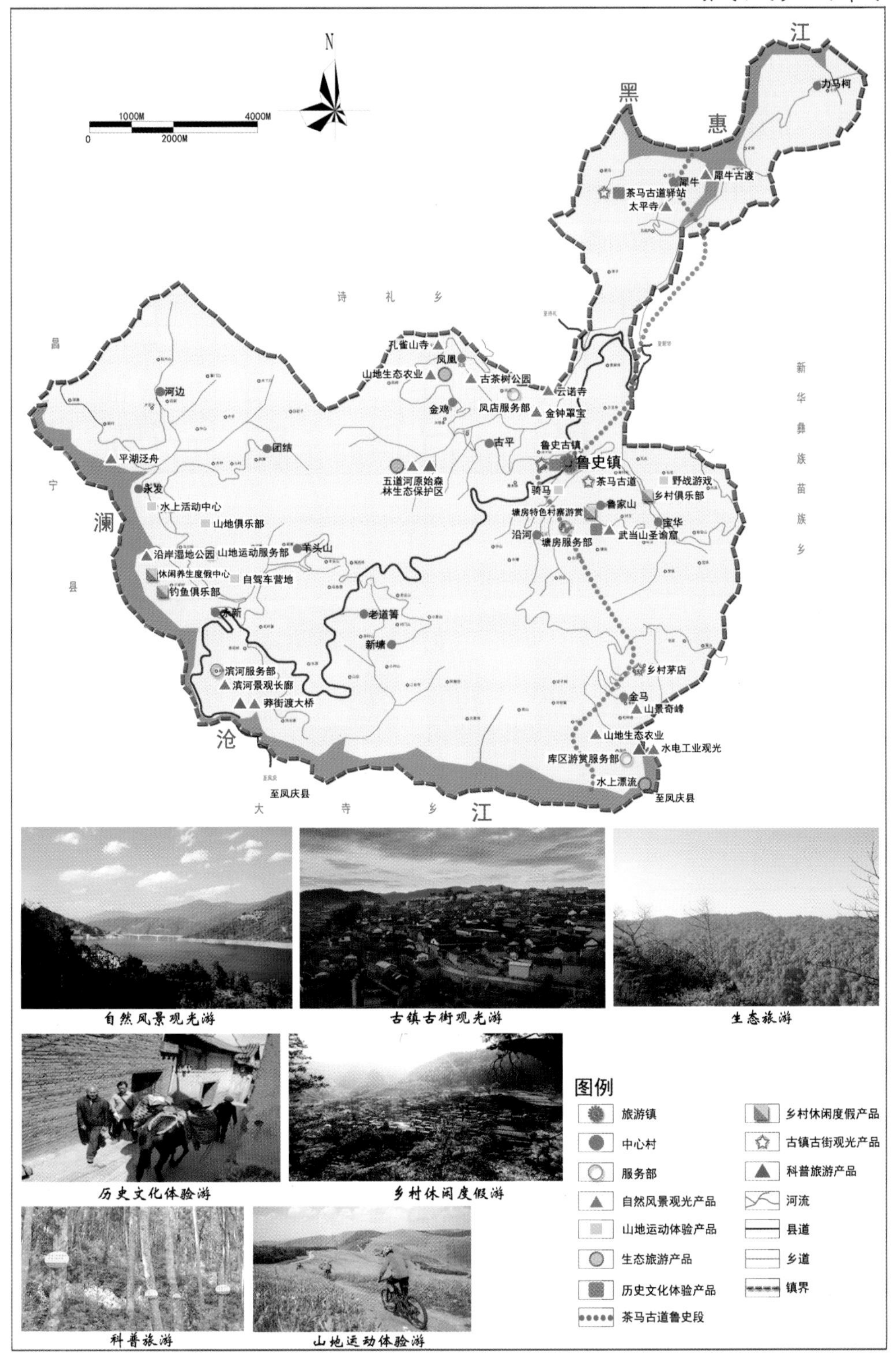

自然风景观光游　　古镇古街观光游　　生态旅游

历史文化体验游　　乡村休闲度假游

科普旅游　　山地运动体验游

古镇区建筑院落组合形式整理

院落形式					
类型	合院		三合院	四合院	组合院
	二、L		三房一照壁	四合五天井	一进两院
平面图	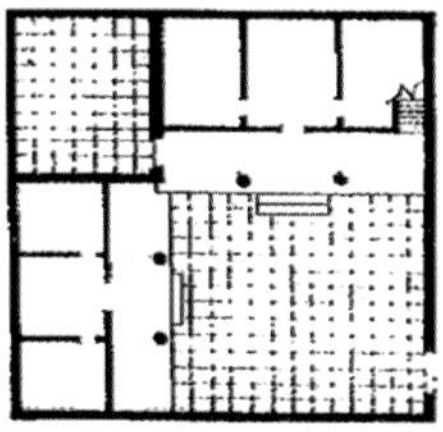		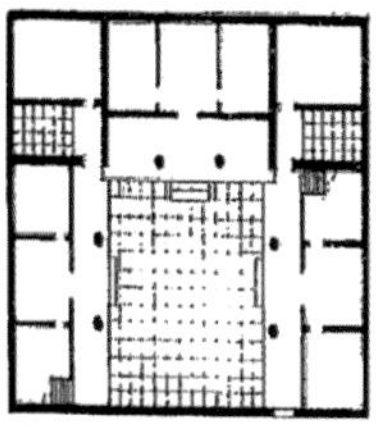	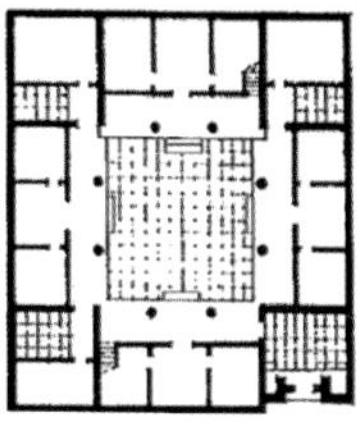	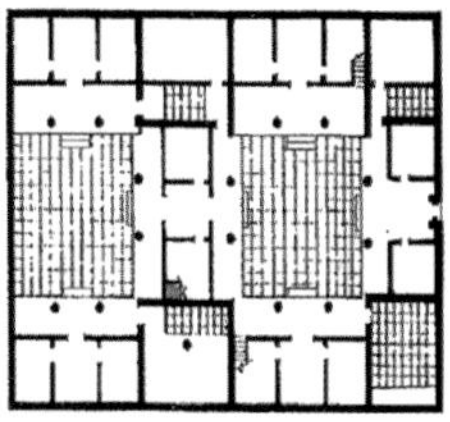
总平面		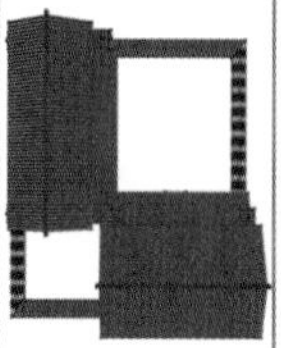	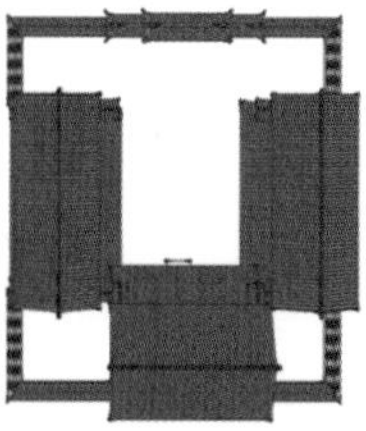		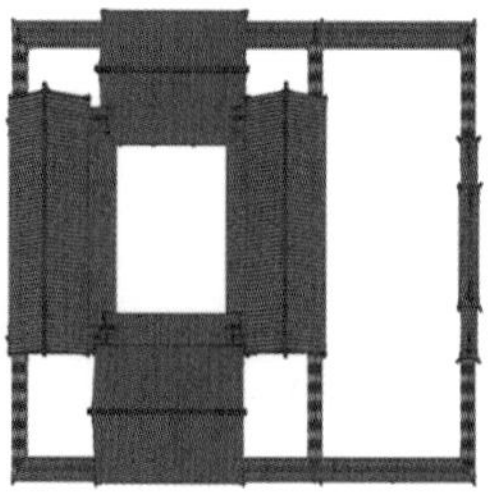
鸟瞰图	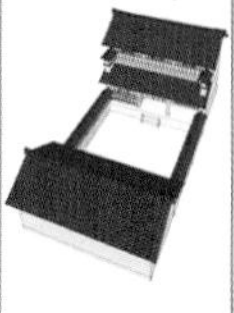	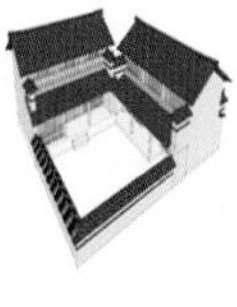	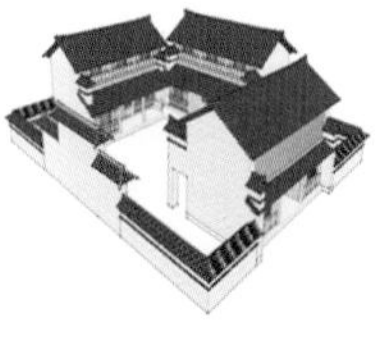		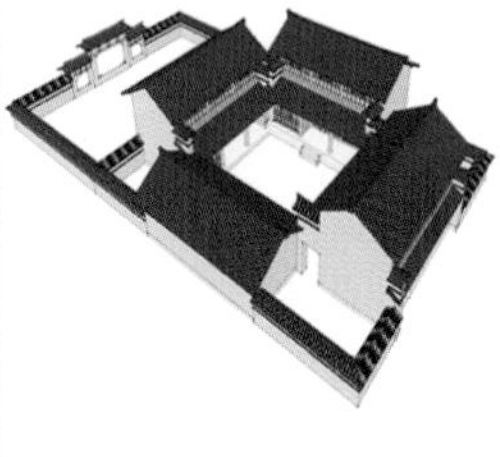

正房立面

厢房立面

商铺立面

结构

H3

H2

H1

L1

L2

尺寸

宽度尺寸	H1为3m左右 H2为3m左右 H3为1.2m~1.8m
高度尺寸	L1为4m—5m L2为5m—6m 具体尺寸取决于建筑用地与用材大小

五架（外围架）

五架（中间架）

七架（中间架）

古镇区建筑屋顶、梁枋木雕整理

屋顶

重檐（正房以两层重檐屋顶为主）

单层屋顶

屋顶材料

筒瓦

板瓦

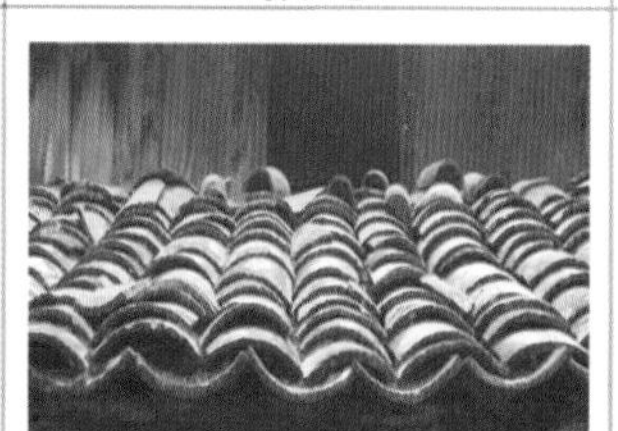

页岩

屋顶装饰

正脊脊尖

肩带翘角

坐斗 罩

坐 斗

罩

梁枋

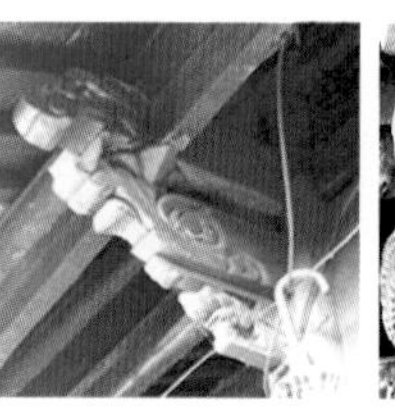

古镇区建筑山墙及照壁整理

类型				
悬山		毛石勒脚 土坯山墙 砂浆抹灰粉白山墙		土坯山墙 砂浆抹灰粉白山墙

类型			
卷棚			
	青砖	青灰系面砖贴面	青灰系面砖贴面带腰瓦

类型				
硬山				
	水墨画装饰	青灰系面砖 贴面带腰瓦	青砖	土坯

类型			
照壁（一滴水）		 	
照壁（三滴水）			

鲁史历史文化名镇保护规划

古镇区建筑木门、窗户整理

古镇区瓦当装饰及建筑影壁整理

鲁史历史文化名镇保护规划

古镇区建筑马头墙、勒脚及院落大门整理

古镇区铺装及石制装饰整理

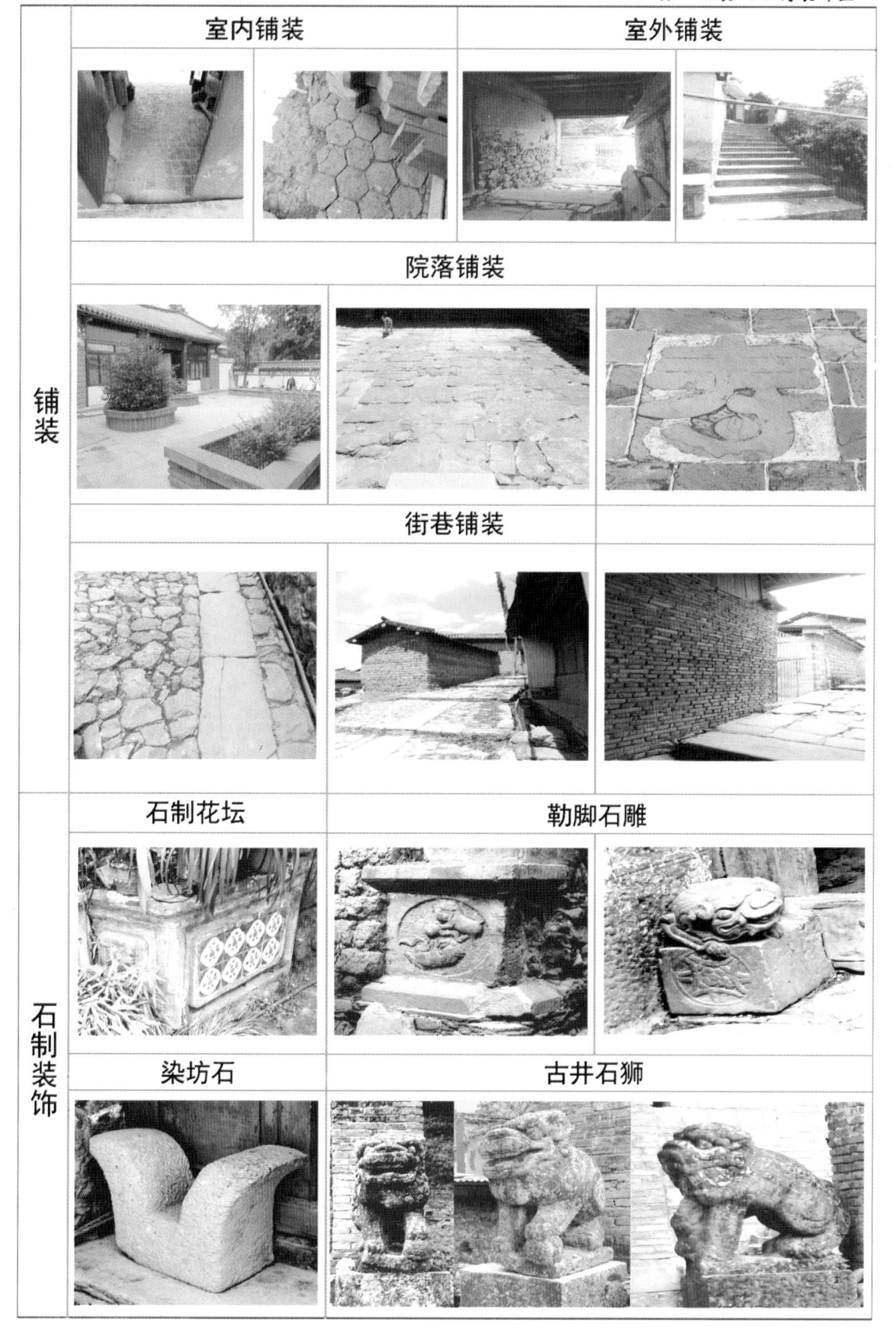

鲁史历史文化名镇保护规划

上平街、楼梯街建筑立面图

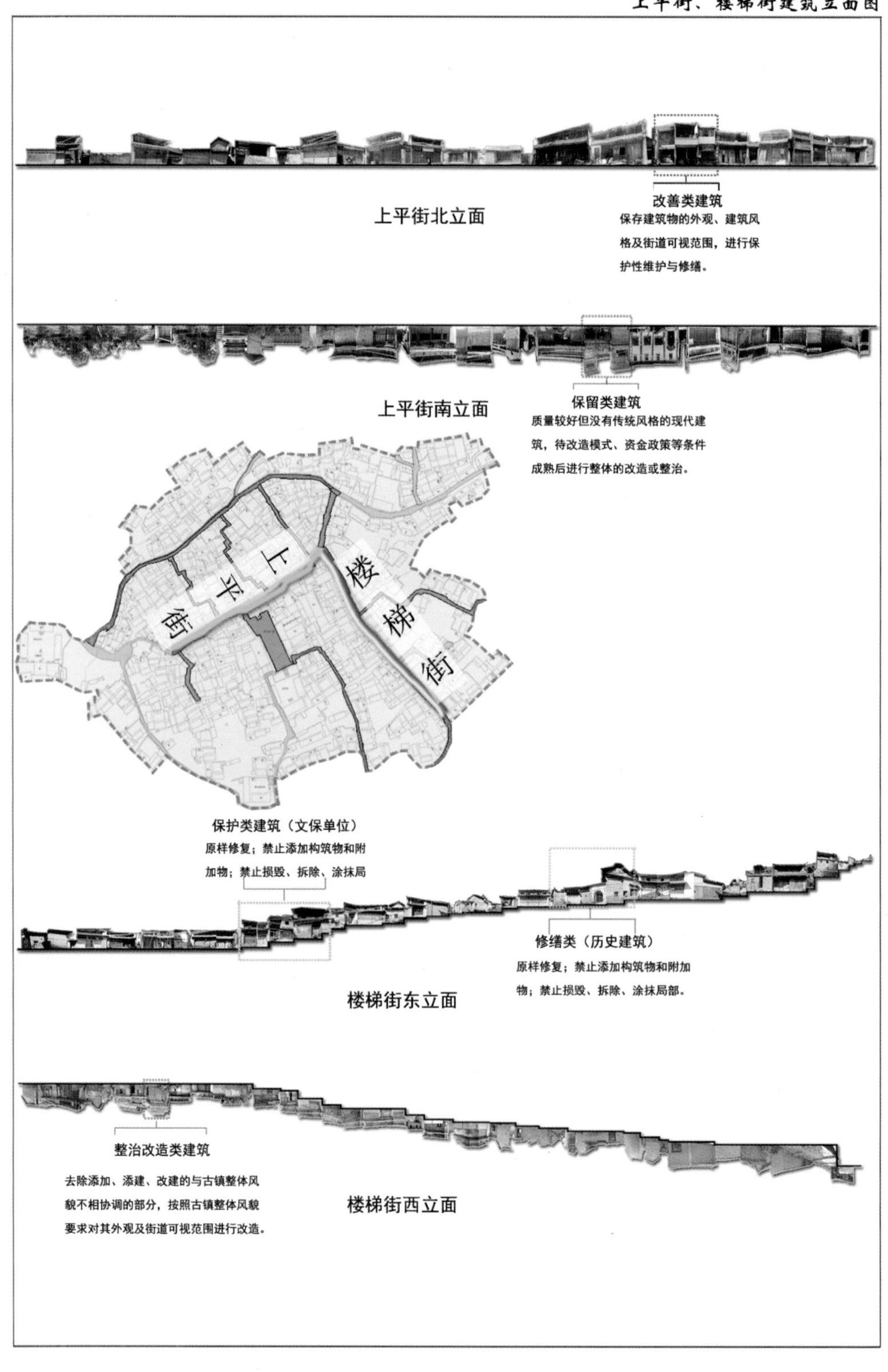

鲁史历史文化名镇保护规划

阿鲁司官衙平立剖面图、现状图

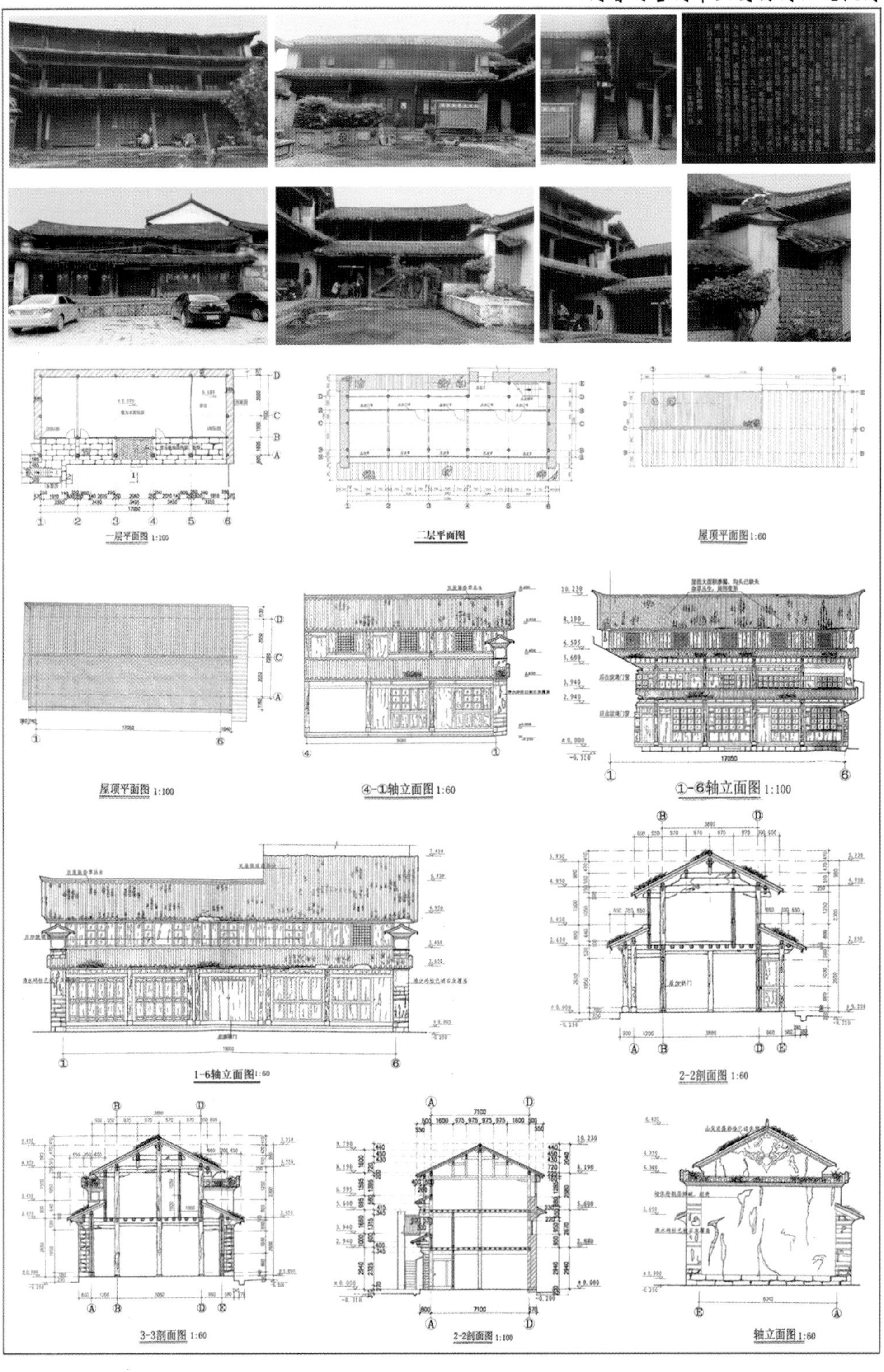

鲁史历史文化名镇保护规划

李家大院平立剖面图、现状图

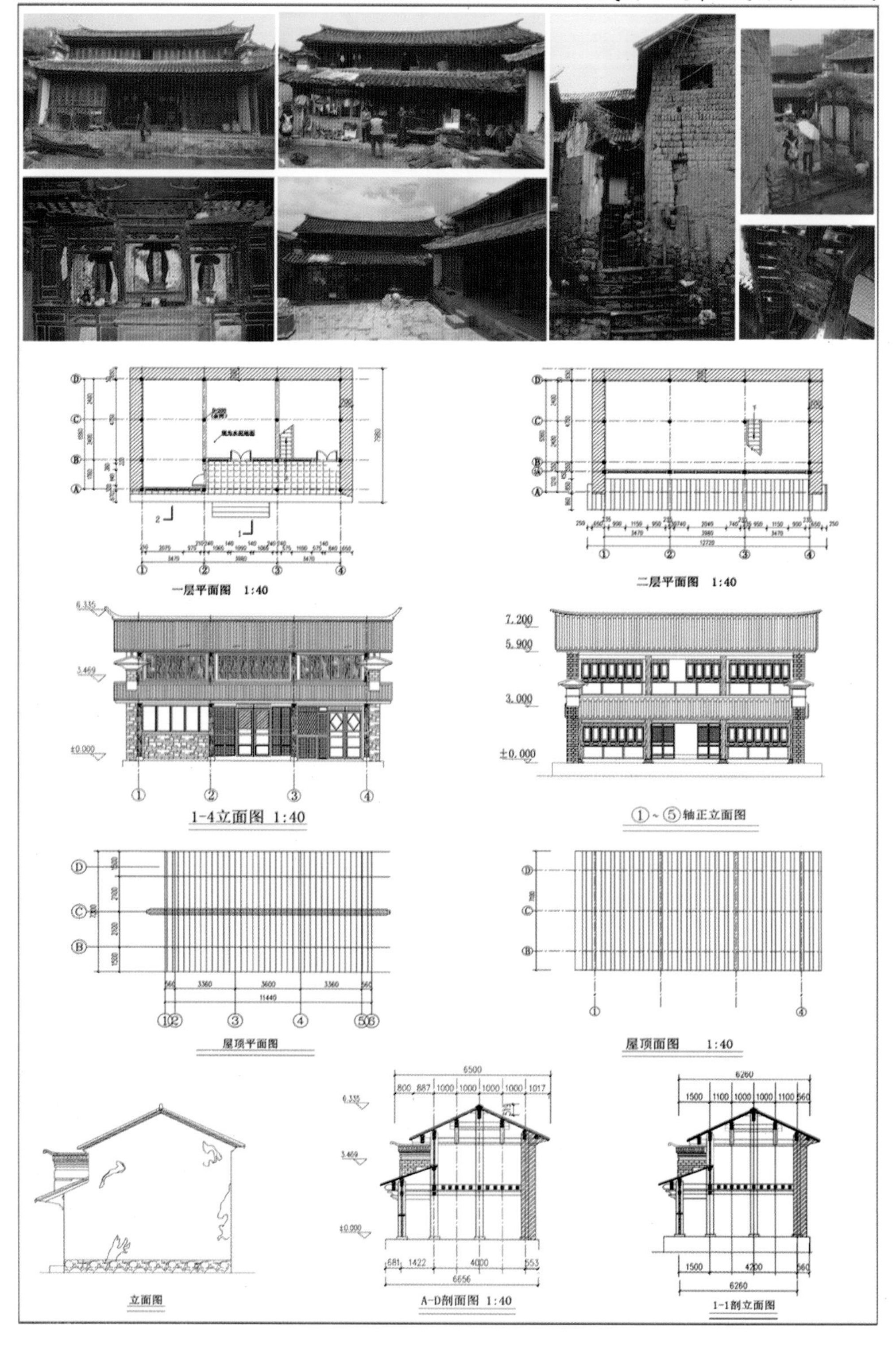

鲁史历史文化名镇保护规划

甘家大院平立剖面图、现状图、效果图

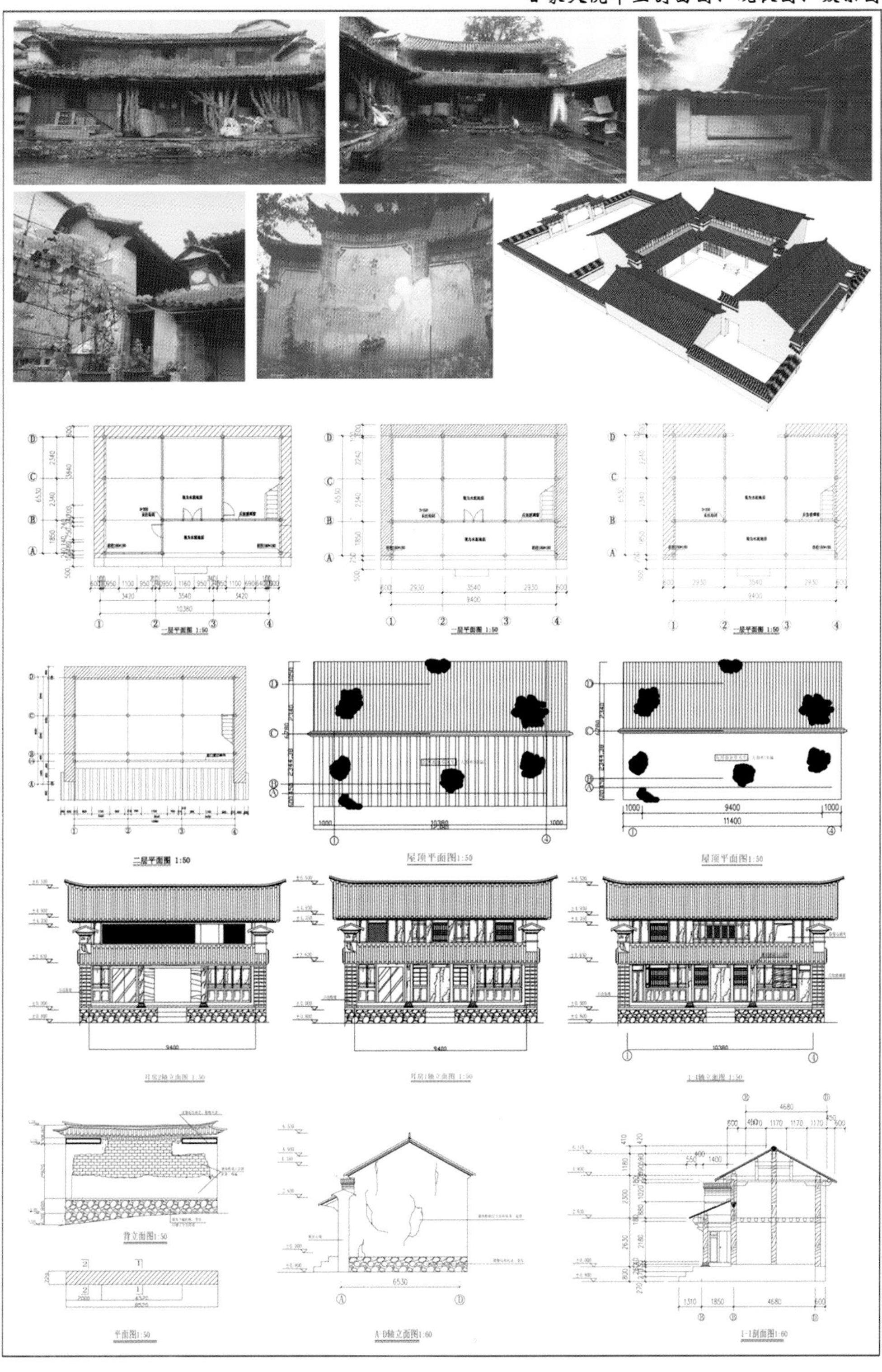

鲁史历史文化名镇保护规划

骆家大院平立剖面图、现状图、效果图

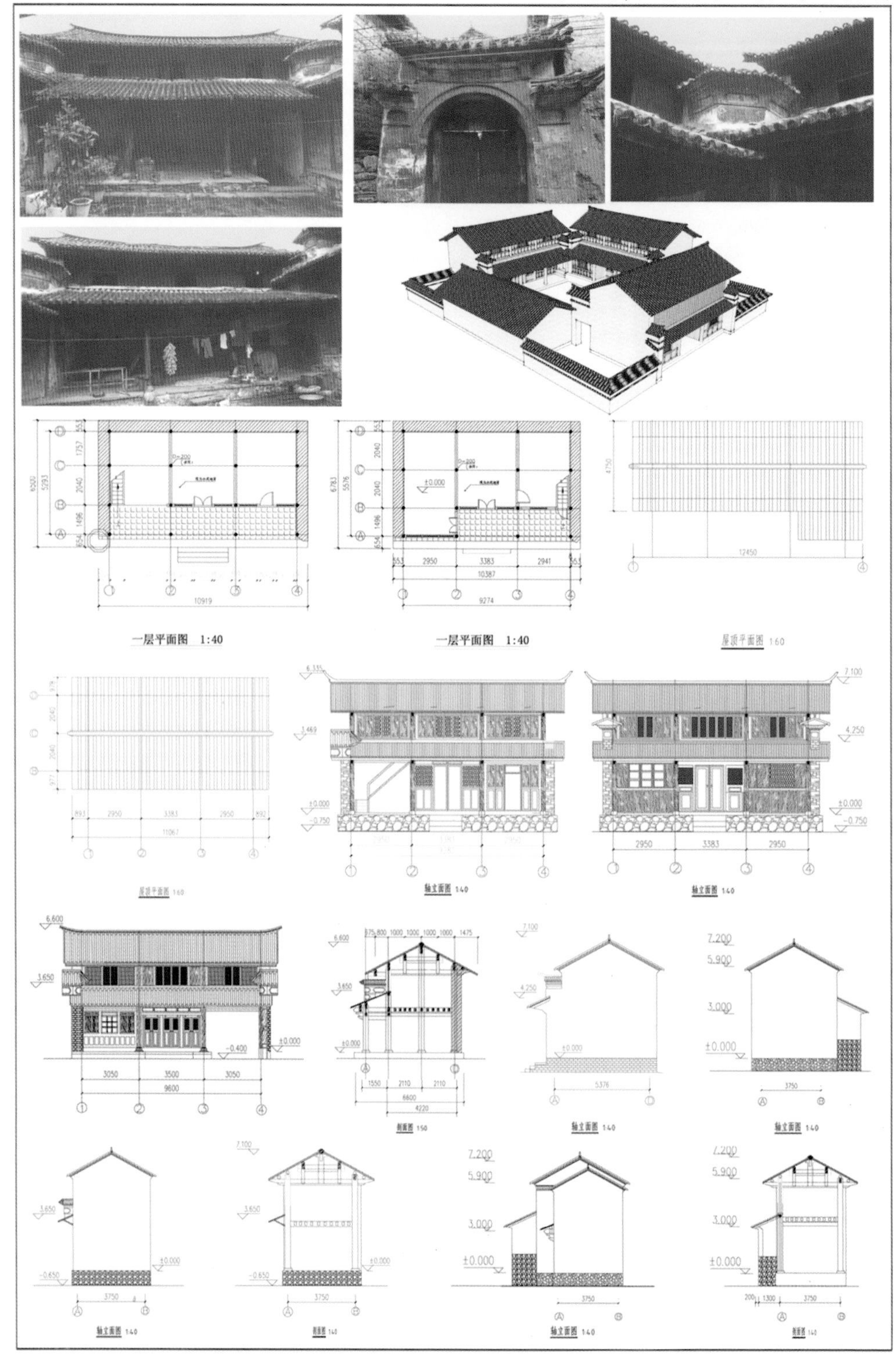

鲁史历史文化名镇保护规划

宋家大院平立剖面图、现状图、效果图

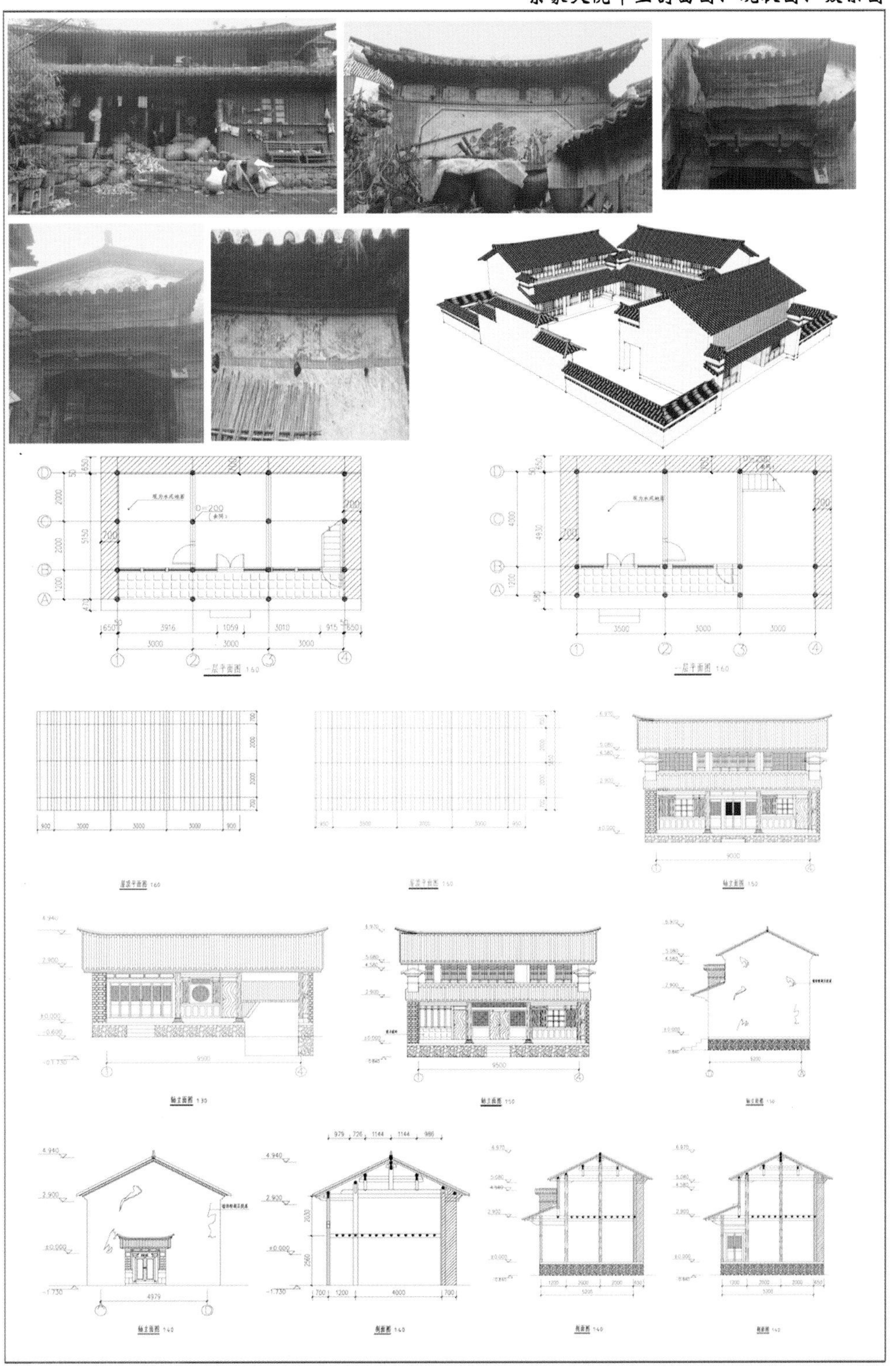